Dr. W. A. VERLOREN VAN THEMAAT

RÄUMLICHE VORSTELLUNG UND MATHEMATISCHES ERKENNTNISVERMÖGEN

ZWEITER BAND

D. REIDEL · DORDRECHT

ISBN 978-90-277-0090-2   ISBN 978-94-011-7758-0 (eBook)
DOI 10.1007/978-94-011-7758-0

VORWORT DES ZWEITEN BANDES VON „RÄUMLICHE VORSTELLUNG UND MATHEMATISCHES ERKENNTNISVERMÖGEN".

Wie ich bereits im Vorwort des ersten Bandes gesagt habe, publiziere ich „Räumliche Vorstellung und mathematisches Erkenntnisvermögen" nur wegen des grossen Umfangs in zwei Bänden, aber bilden diese zwei Bände inhältlich ein Buch. Deshalb verweise ich für den Plan dieses Bandes auf das Vorwort des ersten Bandes und die Zusammenfassung des zweiten Bandes am Ende des ersten Bandes.

Deshalb wird im zweiten Band die Kenntnis des ersten Bandes fortwährend vorausgesetzt und bezieht die Numerierung der Kapitel, Abteilungen, Abschnitte, Paragraphen und Sätze sich auf beide Bände.

Die Litteraturliste und die Zusammenfassungen im Esperanto, Englisch und Niederländisch des ersten Bandes beziehen sich auf beide Bände.

Die Publikation der Abteilung II wird unterlassen, weil sie wenig neue Gesichtspunkte eröffnet.

ZUSAMMENFASSUNG DES ERSTEN BANDES VON „RÄUMLICHE VORSTELLUNG UND MATHEMATISCHES ERKENNTNISVERMÖGEN"

Weil die zwei Bände inhältlich ein Buch bilden, kann der zweite Band am besten verstanden werden mit Kenntnis des ersten Bandes; für Leser die den ersten Band nicht kennen füge ich jedoch die nachstehende Zusammenfassung der für das Verständnis des zweiten Bandes wichtigsten Tatsachen zu.

Der allgemeine Gegenstand des Buches ist die Bestimmung des mathematischen Erkenntnisvermögens von Geistern aller möglichen räumlichen Vorstellungen. Es gibt vier Gattungen von Geistern: *anthropomorphe*; *hypo-anthropomorphe*, mit einem kleineren mathematischen Erkenntnisvermögen als der Mensch; *hemi-anthropomorphe*, mit einem in einigen Hinsichten grösseren, in anderen kleineren mathematischen Erkenntnisvermögen als der Mensch und *hyper-anthropomorphe*, mit einem grösseren mathematischen Erkenntnisvermögen als der Mensch. Das mathematische Erkenntnisvermögen eines sogenannten atomaren Geistes wird bestimmt durch:

1) Die Kardinalzahl Z (Anzahl Punkte) des Raumes;

2) Die *Übersichtszahl U*, die erste Kardinalzahl die die Kardinalzahlen aller für ihn wahrnehmbaren Mengen übersteigt;

3) Die *Kettenzahl K*, die erste Ordinalzahl $>$ die Längen aller monotonen Wege.

Ich gebe jedem Vorstellungsraum V die *charakteristischen Ziffern m*, n und p folgendermassen:

$m=1$, wenn Z endlich ist;

$m=2$, wenn Z abzählbar-unendlich ist;

$m=3$, wenn Z unabzählbar-unendlich ist;

$n=1$, wenn U endlich ist;

$n=2$, wenn U abzählbar-unendlich ist;

$n=3$, wenn U die erste unabzählbar-unendliche Kardinalzahl ist;

$n=4$, wenn U eine höhere als die erste unabzählbar-unendliche Kardinalzahl ist;

$p=1$, wenn K endlich ist;

$p=2$, wenn $K=\omega$;

$p=3$, wenn $K=\omega+1$;

$p=4$, wenn $\omega+1<K<\Omega$ (Ω ist die erste unabzählbar-unendliche Ordinalzahl);

$p=5$, wenn $K=\Omega$;

$p=6$, wenn $K>\Omega$.

mnp nenne ich die *charakteristische Zahl* des Vorstellungsraumes oder auch des Geistes selbst.

INHALT

KAPITEL II

MATHEMATISCH NICHT ANTHROPOMORPHE GEISTER UND IHRE VORSTELLUNGSRÄUME

(Fortsetzung)

Abschnitt 3. Hyper-anthropomorphe Geister

§ 11. *Geister der charakteristischen Zahlen 232 und 233*

Ein Geist dieser charakteristischen Zahlen kann Theoreme abzählbar-unendlich vieler Zeichen erfassen. Ich nehme zunächst an, dass diese Theoreme Folgen oder höchstens abzählbar-unendliche transfinite Folgen von Zeichen sind. Im Gegensatz zu den Geistern der charakteristischen Zahlen 231, 331 und 341 kann solch ein Geist nicht bloss Theoreme unendlicher Länge, sondern auch Theoreme beliebigen endlichen Verwicklungsgrades erfassen.

Nach dem Beweise Band I Seite 104 muss aber ein Raum, der alle nach den dortigen Regeln gebildete Formeln enthalten könnte, unabzählbar-unendlich sein. Also sind diese Regeln für die Bildung wohlgebildeter Formeln auch unmöglich für einen Geist der charakteristischen Zahl 232.

Also gestatte ich nur endliche oder unendliche, aber niemals transfinite Folgen von Zeichen als Formeln.

Zuerst setze ich wiederum voraus, dass die Ausdrücke gebildet werden durch Verknüpfungen der Aussagenlogik. Dann werden die Regeln für die Bildung wohlgebildeter Formeln:

1) Die Atome sind wohlgebildete Formeln,

2) Wenn A eine (endliche oder unendliche) wohlgebildete Formel ist, ist auch $-A$ eine wohlgebildete Formel.

3) Wenn A und B endliche wohlgebildete Formeln sind, sind auch $A \rightarrow B$, $A \vee B$ und $A \wedge B$ endliche wohlgebildete Formeln.

4) Wenn $A_1, ..., A_n, ...$ eine unendliche Folge endlicher wohlgebildeter Formeln ist und die Längen der Formeln $A_1, ..., A_n, ...$ eine endliche Obergrenze haben, ist $A_1 \vee \cdots \vee A_n \vee ...$ eine unendliche wohlgebildete Formel.

5) Wenn $A_1, ..., A_n, ...$ eine unendliche Folge endlicher wohlgebildeter Formeln ist, und die Längen der Formeln $A_1, ..., A_n, ...$ eine endliche Obergrenze haben, ist $A_1 \wedge \cdots \wedge A_n \wedge ...$ eine unendliche wohlgebildete Formel.

6) Keine Formel ist eine wohlgebildete Formel, es sei denn auf Grund der Regeln 1–5.

Die Implikation unendlich vieler Glieder ist definiert, wenn immer rechts assoziert wird (Band I Seiten 106 und 107), aber diese Konvention ist ganz willkürlich und wird deshalb nur verwendet in Theorien mit nur einer logischen Verknüpfung. Deshalb werden in den Theorien dieses Paragraphen Implikationen unendlich vieler Glieder immer vermieden und ersetzt durch unendliche Disjunktionen (vgl. Band I Seiten 106 und 107).

Die Nebenbedingung in der vierten und fünften Regel für die Bildung wohlgebildeter Formeln erfordert die Zählung der Zeichen der Formeln $A_1, ..., A_n, ...$, die ich gleichzeitig geschehen denken kann, also die gleichzeitige Betrachtung abzählbar-unendlich vieler Zeichen und ist also für einen Geist der charakteristischen Zahl 232 zulässig. Die Nebenbedingung ist auch notwendig, denn wenn die Länge der Formeln keine Obergrenze hat, hat auch ihr Verwicklungsgrad keine Obergrenze, also die ganze Formel einen Verwicklungsgrad ω, während sie nur einen Verwicklungsgrad $<\omega$ haben darf.

Die endlichen wohlgebildeten Formeln können nach einem bekannten Beweis ebensowohl auf eine konjunktive wie auf eine disjunktive Normalform gebracht werden. Die unendlichen wohlgebildeten Formeln haben die Gestalt $- \cdots - A$, wo A eine unendliche Konjunktion oder Disjunktion endlicher wohlgebildeter Formeln ist. Man könnte meinen dies mittels endlich wiederholter Anwendung des bekannten Theorems aus der endlichen Aussagenlogik: $- - a \leftrightarrow a$ bringen zu können auf eine der Gestalten A oder $-A$, wo wieder $-A$ eine unendliche Konjunktion oder Disjunktion endlicher wohlgebildeter Formeln ist. Aber bereits eine Formel der Gestalt $A \leftrightarrow B$, wo A und B beide unendliche Formeln sind, wäre eine transfinite Folge von Zeichen und ist also in dieser Theorie unzulässig.

Also brauche ich ausser den bekannten Deduktionsregeln für die Aussagenlogik der endlichen Formeln noch sechs neue:

1) $\perp A$ dann und nur dann, wenn $\perp - - A$.

2) Wenn $A_1 \leftrightarrow B_1, ..., A_n \leftrightarrow B_n, ...$, dann $\perp A_1 \vee \cdots \vee A_n \vee ...$ dann und nur dann, wenn $\perp B_1 \vee \cdots \vee B_n \vee ....$

3) Wenn $A_1 \leftrightarrow B_1, ..., A_n \leftrightarrow B_n, ...$, dann $\perp A_1 \wedge \cdots \wedge A_n \wedge ...$ dann und nur dann, wenn $\perp B_1 \wedge \cdots \wedge B_n \wedge ....$

4) $\perp - (A_1 \vee \cdots \vee A_n \vee ...)$ dann und nur dann, wenn $\perp - A_1 \wedge \cdots \wedge - A_n \wedge ....$

5) $\perp - (A_1 \wedge \cdots \wedge A_n \wedge ...)$ dann und nur dann, wenn $\perp - A_1 \vee \cdots \vee - A_n \vee ....$

6) Wenn $A_1, \ldots, A_n, \ldots$ alle abgeleitet sind, ist auch $A_1 \wedge \cdots \wedge A_n \wedge \cdots$ abgeleitet.

Die vierte und fünfte Deduktionsregel sind naheliegende Verallgemeinerungen der bekannten Sätze aus der endlichen Aussagenlogik:

$$(-(a_1 \vee \cdots \vee a_n)) \leftrightarrow (-a_1 \wedge \cdots \wedge -a_n)$$

$$(-(a_1 \wedge \cdots \wedge a_n)) \leftrightarrow (-a_1 \vee \cdots \vee -a_n).$$

Die erste Deduktionsregel fordert die gleichzeitige Betrachtung der Formeln A und $--A$. Beide enthalten höchstens abzählbar-unendlich viele Zeichen, also beide zusammen auch höchstens abzählbar-unendlich viele Zeichen. Also ist diese Deduktionsregel für einen Geist der charakteristischen Zahl 232 zulässig.

Die zweite Deduktionsregel fordert die gleichzeitige Betrachtung aller Formeln $A_n \leftrightarrow B_n$, der Formel $A_1 \vee \cdots \vee A_n \vee \ldots$ und der Formel $B_1 \vee \cdots \vee B_n \vee \ldots$. Die Formeln $A_n \leftrightarrow B_n$ enthalten je nur endlich viele Zeichen. Es gibt höchstens abzählbar-unendlich viele Formeln $A_n \leftrightarrow B_n$. Also enthalten die Formeln $A_n \leftrightarrow B_n$ zusammen auch höchstens abzählbar-unendlich viele Zeichen. Die Formeln $A_1 \vee \cdots \vee A_n \vee \ldots$ und $B_1 \vee \cdots \vee B_n \vee \ldots$ enthalten je höchstens abzählbar-unendlich viele Zeichen. Also enthalten die Formeln $A_n \leftrightarrow B_n$ (wo n von 1 bis unendlich läuft), $A_1 \vee \cdots \vee A_n \vee \ldots$ und $B_1 \vee \cdots \vee B_n \vee \ldots$ zusammen höchstens abzählbar-unendlich viele Zeichen. Also ist diese Deduktionsregel für einen Geist der charakteristischen Zahl 232 zulässig.

Die Zulässigkeit der dritten Deduktionsregel beweise ich auf dieselbe Weise; nur muss man $\vee$ durch $\wedge$ ersetzen.

Die vierte und fünfte Deduktionsregel fordern je die gleichzeitige Betrachtung von zwei Formeln höchstens abzählbar-unendlich vieler Zeichen, also höchstens abzählbar-unendlich vieler Zeichen, sind also für einen Geist der charakteristischen Zahl 232 zulässig.

Die sechste Deduktionsregel fordert die gleichzeitige Betrachtung der Formeln $A_1, \ldots, A_n, \ldots$ und der Formel $A_1 \wedge \cdots \wedge A_n \wedge \ldots$, also abzählbar-unendlich vieler Zeichen und ist also für einen Geist der charakteristischen Zahl 232 zulässig.

Also kann man zu jeder unendlichen Formel A eine quasi-äquivalente Formel B finden (die Quasi-äquivalenz heisst nicht, dass ein Theorem $A \leftrightarrow B$ existiert, sondern dass man aus einem Beweis von A immer einen Beweis von B machen kann und umgekehrt), die eine der nachstehenden Gestalten hat:

1) B ist eine unendliche Konjunktion.

2) B ist eine unendliche Disjunktion.

3) $B = -C$, wo C eine unendliche Konjunktion ist.

4) $B = -C$, wo C eine unendliche Disjunktion ist.

Im dritten Fall setze ich $C = C_1 \wedge \cdots \wedge C_n \wedge \ldots$, wo die C_n endliche Formeln sind. Dann $B = -C = -(C_1 \wedge \cdots \wedge C_n \wedge \ldots) = -C_1 \vee \cdots \vee -C_n \vee \ldots$. Ich setze $-C_1 \vee \cdots \vee -C_n \vee \ldots = D = D_1 \vee \ldots \vee D_n \vee \ldots$. Also ist B im dritten Falle einer unendlichen Disjunktion quasi-äquivalent.

Im vierten Fall setze ich $C = C_1 \vee \cdots \vee C_n \vee \ldots$, wo die C_n endliche Formeln sind. Dann ist $B = -C = -(C_1 \vee \cdots \vee C_n \vee \ldots)$ der Formel $D = -C_1 \wedge \cdots \wedge -C_n \wedge \ldots = D_1 \wedge \cdots \wedge D_n \wedge \ldots$ quasi-äquivalent. Also ist B im vierten Fall einer unendlichen Konjunktion quasi-äquivalent.

Also ist A immer einer Formel D quasi-äquivalent, wo entweder $D = D_1 \vee \cdots \vee D_n \vee \ldots$ oder $D = D_1 \wedge \cdots \wedge D_n \wedge \ldots$.

Nach dem Vollständigkeitssatz der endlichen Aussagenlogik gilt im ersten Fall für jedes n die Formel $D_n \leftrightarrow E_n$, wo E_n eine disjunktive Normalform ist. Dann ist nach der zweiten Deduktionsregel D, und also auch A, der Formel $E = E_1 \vee \cdots \vee E_n \vee \ldots$, also einer unendlichen disjunktiven Normalform quasi-äquivalent.

Die Deduktion von A aus D oder umgekehrt ist immer möglich in endlich vielen Schritten. Wenn die Länge der D_n begrenzt ist, ist auch die Höhe der Theoreme $D_n \leftrightarrow E_n$ begrenzt. Ich nenne die Obergrenze m. Dann hat das metamathematische Theorem der Quasi-äquivalenz von D und E eine Höhe $m+1$. Also kann man immer A und E aus einander ableiten in endlich vielen Schritten.

Nach dem Vollständigkeitssatz der endlichen Aussagenlogik gilt im zweiten Falle für jedes n die Formel $D_n \leftrightarrow E_n$, wo E_n eine konjunktive Normalform ist. Dann ist nach der zweiten Deduktionsregel D, und also auch A, der Formel $E = E_1 \wedge \cdots \wedge E_n \wedge \ldots$, also einer unendlichen konjunktiven Normalform quasi-äquivalent.

Nach dem obigen Beweis für den ersten Fall kann man auch hier A und E immer aus einander ableiten in endlich vielen Schritten.

Also ist eine unendliche Formel immer entweder einer unendlichen konjunktiven oder einer unendlichen disjunktiven Normalform quasi-äquivalent. Wenn A der unendlichen konjunktiven Normalform $E = E_1 \wedge \cdots \wedge E_n \wedge \ldots$ quasi-äquivalent ist, hat die Länge der Formeln $E_1, \ldots, E_n, \ldots$ eine endliche Obergrenze und also auch die Anzahl der Schlüsse die man braucht um ihre Richtigkeit zu beurteilen. Wenn die Formeln E_n (n läuft von 1 bis unendlich) alle abgeleitet sind, ist auch E

abgeleitet und also auch A. Wenn umgekehrt auch nur eine der Formeln E_n nicht abgeleitet ist, ist auch E nicht abgeleitet und also auch A nicht. Für die Formeln der ersten Klasse gilt also der Entscheidbarkeitssatz der endlichen Aussagenlogik.

Im Gegensatz zur endlichen Aussagenlogik ist hier zwar jede Formel entweder einer konjunktiven oder einer disjunktiven Normalform quasi-äquivalent, im Allgemeinen aber nicht beiden zugleich. Wenn die disjunktive Normalform die Gestalt hat $A = (a_1 \wedge b_1) \vee \cdots \vee (a_n \wedge b_n) \vee \ldots$, wo alle a_n und b_n verschieden sind, dann liefert eine naheliegende Verallgemeinerung des allgemeinen distributiven Gesetzes der endlichen Aussagenlogik (ich lasse für den Augenblick dahingestellt, wie diese Verallgemeinerung exakt fundiert werden kann), dass A der Formel

$$B = \bigcap_{c_1 = a_1 \text{ oder } b_1} \cdots \cdots \bigcap_{c_n = a_n \text{ oder } b_n} \cdots \cdots (c_1 \vee \cdots \vee c_n \vee \ldots)$$

quasi-äquivalent ist.

Die Glieder dieser unendlichen Konjunktion hängen ab von abzählbar-unendlich vielen Parametern die je zweier Werte fähig sind. Also hat diese Konjunktion eine Menge der Mächtigkeit des Kontinuums von Gliedern je abzählbar-unendlich vieler Zeichen. Also hat B eine Menge von Zeichen der Mächtigkeit des Kontinuums und ist also auch unmöglich für einen Geist der charakteristischen Zahl 232. Also

Satz 68. Es gibt für einen Geist der charakteristischen Zahl 232 Formeln die zwar eine disjunktive Normalform haben aber keine konjunktive.

Satz 69. Die Aussagenlogik für einen Geist der charakteristischen Zahl 232 hat Formeln die zwar eine konjunktive Normalform haben, aber keine disjunktive.

Beweis. Ich setze wieder $A = (a_1 \vee b_1) \wedge \cdots \wedge (a_n \vee b_n) \wedge \ldots$, wo alle a_n und b_n verschieden sind. Dann liefert wieder eine naheliegende Verallgemeinerung des allgemeinen distributiven Gesetzes der endlichen Aussagenlogik (deren exakte Fundierung ich wieder dahingestellt sein lasse), dass A der Formel

$$B = \bigcup_{c_1 = a_1 \text{ oder } b_1} \cdots \cdots \bigcup_{c_n = a_n \text{ oder } b_n} \cdots \cdots (c_1 \wedge \cdots \wedge c_n \wedge \ldots)$$

quasi-äquivalent ist.

Die Glieder dieser unendlichen Disjunktion hängen ab von abzählbar-unendlich vielen je zweier Werte fähigen Parametern. Also hat die Disjunktion $\aleph$ Glieder je abzählbar-unendlich vieler Zeichen. Also hat B $\aleph$ Zeichen und ist also unmöglich für einen Geist der charakteristischen Zahl 232.

Eine unendliche Konjunktion beliebiger endlicher Ausdrücke vorhergegangen von einer geraden Anzahl Negationen oder eine unendliche Disjunktion beliebiger endlicher Ausdrücke vorhergegangen von einer ungeraden Anzahl Negationen nenne ich eine *konjunktive Formel*. Eine unendliche Konjunktion beliebiger endlicher Ausdrücke vorhergegangen von einer ungeraden Anzahl Negationen oder eine unendliche Disjunktion beliebiger endlicher Ausdrücke vorhergegangen von einer geraden Anzahl Negationen nenne ich eine *disjunktive Formel*.

Satz 70. Eine unendliche disjunktive Formel A ist dann und nur dann ableitbar, wenn ihre disjunktive Normalform B ein ableitbares endliches Vorstück C hat (also $B = C \vee D$).

Beweis. Die Bedingung ist offenbar hinreichend, da wenn C abgeleitet ist und a ein Atom, das nicht in C auftritt, gilt:

$$\begin{array}{ll} b \to (b \vee a) & C/b \\ \dfrac{C \to (C \vee a)}{C \vee a} & D/a \\ C \vee D\,. & \end{array}$$

Aus $C \vee D$ kann ich A ableiten.

Die Axiome der Aussagenlogik sind endlich. Wenn die unendliche disjunktive Formel A abgeleitet ist, muss es also in ihrer Ableitung wenigstens eine Deduktion einer unendlichen aus einer endlichen Formel geben.

Die Deduktionsregeln erlauben nur Deduktionen, in denen höchstens eine der Prämissen eine unendliche Formel ist. Jede ableitbare endliche Formel kann mittels nur endlicher Formeln abgeleitet werden. Also darf ich voraussetzen, dass die Ableitung nur eine Deduktion einer unendlichen Formel aus endlichen enthält.

Die in der Deduktion auftretenden unendlichen Formeln sind alle disjunktiv. Um dies zu beweisen reicht es hin zu beweisen, dass eine aus einer unendlichen disjunktiven Formel abgeleitete unendliche Formel auch selber disjunktiv ist. Dieses leuchtet ein, wenn die Deduktion stattfindet durch eine der Regeln 1–5. Die Regel 6 erzeugt unendliche Formeln aus endlichen. Die Substitutionsregel ist für eine unendliche Prämisse nur erlaubt, wenn sie für jedes Atom einen endlichen Ausdruck substituiert (denn sonst würde sie eine transfinite Folge von Zeichen erzeugen). Dann führt sie einen disjunktiven Ausdruck in einen disjunktiven über. Schliesslich, wenn B abgeleitet ist durch den Modus Ponens und

$$A \to B$$
$$\underline{A}$$
$$B$$

und $A \to B$ unendlich disjunktiv ist, $A \to B = -A \vee B_1 \vee \cdots \vee B_n \vee \ldots$, dann $B = B_1 \vee \cdots \vee B_n \vee \ldots$, also ist auch B unendlich disjunktiv.

Die Deduktionsregeln 1–5 leiten nur unendliche Formeln ab aus unendlichen. Der Modus Ponens kann nur eine unendliche Formel erzeugen, wenn wenigstens eine der Prämissen unendlich ist. Also können nur die Regel 6 und die Substitutionsregel eine unendliche Formel erzeugen aus endlichen. Die Regel 6 erzeugt konjunktive Formeln. Also muss die Deduktion einer unendlichen Formel aus einer endlichen geschehen sein durch Substitution des unendlichen Ausdrucks A für das Atom a in der Formel B. Die durch diese Substitution erhaltene Formel nenne ich C. a muss das letzte Atom von B sein und nur einmal in B vorkommen, denn sonst wäre C eine transfinite Folge von Zeichen.

C hat die Gestalt $- \cdots -(C_1 \vee \cdots \vee C_n \vee B)$, wo die Anzahl der Negationen vor den Klammern gerade ist, oder $- \cdots -(C_1 \wedge \cdots \wedge C_n \wedge B)$, wo die Anzahl der Negationen vor den Klammern ungerade ist.

Im ersten Fall ist auch $- \cdots -(C_1 \vee \cdots \vee C_n \vee a)$ ableitbar, also auch $C_1 \vee \cdots \vee C_n \vee a$. a kommt nicht vor in $C_1 \vee \cdots \vee C_n$; also muss $C \vee \cdots \vee C_n$ ableitbar sein. Also hat C ein ableitbares Vorstück.

Im zweiten Fall ist auch $- \cdots -(C_1 \wedge \cdots \wedge C_n \wedge a)$ ableitbar, also auch $-C_1 \vee \cdots \vee -C_n \vee -a$. a kommt nicht vor in $-C_1 \vee \cdots \vee -C_n$, also muss auch $-C_1 \vee \cdots \vee -C_n$ ableitbar sein. Also hat die disjunktive Normalform von C ein ableitbares Vorstück.

Durch Rekurrenz beweise ich, dass eine aus einer unendlichen disjunktiven Formel abgeleitete unendliche Formel, deren disjunktive Normalform ein ableitbares Vorstück hat, auch eine unendliche disjunktive Formel ist, deren disjunktive Normalform ein ableitbares Vorstück hat.

1) Die Deduktionsregeln 1–5 leiten aus einer Formel quasi-äquivalente ab, die also dieselbe disjunktive Normalform haben, also auch eine mit ableitbarem Vorstück.

2) Die Deduktionsregel 6 und der Modus Ponens sind nicht verwendbar.

3) Ich setze voraus, dass $-\cdots-(C_1 \vee \cdots \vee C_n \vee B)$, wo die Anzahl der Negationen vor den Klammern gerade ist, ableitbar ist und dass auch $C_1 \vee \cdots \vee C_n$ ableitbar ist. Daraus erhalte ich durch Substitution $-\cdots-(D_1 \vee \cdots \vee D_n \vee E)$ mit als disjunktiver Normalform $D_1 \vee \cdots \vee D_n \vee E$. Dann ist auch $D_1 \vee \cdots \vee D_n$, erhalten durch Substitution aus $C_1 \vee \cdots \vee C_n$, ableitbar.

4) Ich setze voraus, dass $-\cdots-(C_1 \wedge \cdots \wedge C_n \wedge B)$, wo die Anzahl der Negationen vor den Klammern ungerade ist, ableitbar ist und dass $-C_1 \vee \cdots \vee -C_n$ ableitbar ist. Daraus erhalte ich durch Substitution $-\cdots-(D_1 \wedge \cdots \wedge D_n \wedge E)$ mit als disjunktiver Normalform $-D_1 \vee \cdots \vee -D_n \vee -E$. Dann ist auch $-D_1 \vee \cdots \vee -D_n$, erhalten durch Substitution aus $-C_1 \vee \cdots \vee -C_n$, ableitbar.

Satz 71. Eine unendliche disjunktive Formel A ist dann und nur dann eine logische Identität, wenn ihre disjunktive Normalform B ein ableitbares Vorstück enthält.

Beweis: Ich setze $B = B_1 \vee \cdots \vee B_n \vee \ldots$, wo die B_n endliche Konjunktionen sind von Gliedern, die je Atome oder Atome mit Negation sind.

Wenn $B_1 \vee \cdots \vee B_n$ ableitbar ist, ist es auch eine logische Identität; also ist auch $(B_1 \vee \cdots \vee B_n) \vee (B_{n+1} \vee \ldots)$ eine logische Identität als die Disjunktion von zwei Gliedern, von denen eins eine logische Identität ist.

Umgekehrt: wir setzen voraus, dass $B_1 \vee \cdots \vee B_n \vee \ldots$ kein ableitbares Vorstück enthält. Dann betrachte ich zu jedem Vorstück $B_1 \vee \cdots \vee B_n$ die konjunktive Normalform $C_n = C_{n,1} \wedge \cdots \wedge C_{n,k_n} \cdot C_{n+1} = C_n \vee B_{n+1}$. Also ist $C_{n+1,j}$ immer zu schreiben als $C_{n,i} \vee a_{n+1,j}$.

Wenn für jedes i gilt: a_i ist ein Glied von E_i und ein Atom oder ein Atom mit Negation, nenne ich $a_1 \vee \cdots \vee a_m \vee a_{m+1} \vee \cdots \vee a_n$ eine Fortsetzung von $a_1 \vee \cdots \vee a_m$.

Ich setze $B_n = a_{n,1} \vee \cdots \vee a_{n,k_n}$.

Durch vollständige Induktion konstruiere ich eine unendliche Folge $(a_n : n \in \omega)$, wo a_n ein Atom oder Atom mit Negation ist und a_n eins der Glieder von B_n ist, derart dass $a_1 \vee \cdots \vee a_n \vee \ldots$ kein Atom ebensowohl mit wie ohne Negation enthält, also nicht ableitbar ist. Unter die Voraussetzungen muss ich noch aufnehmen, dass es für $a_1 \vee \cdots \vee a_n$ kein $m > n$ gibt derart dass jede Fortsetzung von $a_1 \vee \cdots \vee a_n$ von m Gliedern ableitbar ist.

1) Die Glieder von B_1 sind selbstverständlich nicht ableitbar. Es muss unter ihnen wenigstens ein $b_{1,i}$ geben, wofür es kein $n > 1$ gibt, derart dass jede Fortsetzung von $b_{1,i}$ von n Gliedern ableitbar ist. Setzen wir nämlich voraus, dass es für jedes $i (1 \leq i \leq k_1)$ ein 1_i gäbe derart dass jede

Fortsetzung von $b_{1,i}$ von l_i Gliedern ableitbar wäre, dann wäre von diesen l_i eins das grösste. Dieses nenne ich l. Dann wäre entgegen der Voraussetzung

$$C_l = \bigcap_{1 \leq i_1 \leq k_1} \cdots \bigcap_{1 \leq i_l \leq k_l} (b_{i_1} \vee \cdots \vee b_{i_l})$$

als die Konjunktion ableitbarer Sätze ableitbar.

Also gibt es ein $b_{1,i}$ wofür es kein $n > 1$ gibt derart dass jede Fortsetzung von $b_{1,i}$ von n Gliedern ableitbar ist. Das derartige $b_{1,i}$ mit dem niedrigsten i nenne ich a_1.

2) Ich setze voraus, dass $a_1 \vee \cdots \vee a_n$ konstruiert worden ist und dass es für $a_1 \vee \cdots \vee a_n$ kein $m > n$ gibt derart dass jede Fortsetzung von $a_1 \vee \cdots \vee a_n$ von m Gliedern ableitbar ist.

Dann ist jede Fortsetzung von $a_1 \vee \cdots \vee a_n$ auch eine Fortsetzung einer der Formeln $a_1 \vee \cdots \vee a_n \vee b_{n+1,j}$, wo $1 \leq j \leq k_{n+1}$. Es muss unter ihnen wenigstens ein $b_{n+1,i}$ geben, wofür es kein $m > n+1$ gibt derart dass jede Fortsetzung von $a_1 \vee \cdots \vee a_n \vee b_{n+1,i}$ von m Gliedern ableitbar ist. Dann setzen wir voraus, dass es für jedes $i (1 \leq i \leq k_{n+1})$ ein l_i gäbe derart dass jede Fortsetzung von $a_1 \vee \cdots \vee a_n \vee b_{n+1,i}$ von l_i Gliedern ableitbar wäre, dann wäre von diesen l_i eins das grösste. Dieses nenne ich l. Dann wäre jede Fortsetzung von $a_1 \vee \cdots \vee a_n$ von l Gliedern ableitbar. Widerspruch.

Also gibt es ein $b_{n+1,i}$, wofür es kein $m > n+1$ gibt derart dass jede Fortsetzung von $a_1 \vee \cdots \vee a_n \vee b_{n+1,i}$ ableitbar ist. Das derartige $b_{n+1,i}$ mit dem niedrigsten i nenne ich a_{n+1}.

Dann ist

$$\bigcup_{n=1}^{\infty} a_n$$

nicht ableitbar. Wenn es nämlich ableitbar wäre, enthielte es wenigstens ein Atom ebensowohl mit wie ohne Negation, beispielsweise $a_m = -a_n$ oder $-a_m = a_n (m < n)$. Aber dann wäre bereits $a_1 \vee \cdots \vee a_n$ ableitbar. Widerspruch.

Dann betrachte ich den Fall, dass alle a_n falsch sind. Dies ist möglich, denn kein Atom kommt in $(a_n : n \in \omega)$ ebensowohl mit wie ohne Negation vor. Dann ist auch jedes B_n falsch als eine Konjunktion, von welcher wenigstens ein Glied falsch ist. Dann ist auch

$$B = \bigcup_{n=1}^{\infty} B_n$$

falsch als eine Disjunktion, von welcher jedes Glied falsch ist. Also ist B keine logische Identität.

Satz 72. Die Aussagenlogik eines Geistes der charakteristischen Zahl 232 ist entscheidbar.

Beweis. Die Formeln, die eine konjunktive Normalform haben, sind jedenfalls entscheidbar.

Für die Formeln mit einer disjunktiven Normalform $B = B_1 \vee \cdots \vee B_n \vee \ldots$ fordert die Entscheidung die Betrachtung aller Formeln D_n, wo D_n die konjunktive Normalform von $B_1 \vee \cdots \vee B_n = C_n$ ist.

Die scharfe Formulierung des Entscheidungsverfahrens ist die folgende:

1) Jede C_n hat die Gestalt:

$$B_1 \vee \cdots \vee B_n = (B_{1,1} \wedge \cdots \wedge B_{1,k_1}) \vee \cdots \vee (B_{n,1} \wedge \cdots \wedge B_{n,k_n}).$$

Man bildet alle Folgen

$$(D_{1,l_1}, \ldots, D_{n,l_n}),$$

wo

$$D_{i,l_i} = B_{i,j} \quad (1 \leqq j \leqq k_1).$$

Eine derartige, für die Bewirkungen 2–4 fixierte Folge nenne ich D_α.

2) In $D_\alpha = (D_{1,l_1}, \ldots, D_{n,l_n})$ mache ich die Menge aller geordneten Paare (D_{i,l_i}, D_{j,l_j}) $(i \neq j)$.

3) Wenn $D_{j,l_j} = -D_{i,l_i}$, setze ich $P_{\alpha,i,j} = 0$; wenn $D_{j,l_j} \neq -D_{i,l_i}$, setze ich $P_{\alpha,i,j} = 1$.

4) Wenn $P_{\alpha,i,j} = 0$ für wenigstens ein Paar (i,j), $P_\alpha = 0$; wenn $P_{\alpha,i,j} = 1$ für alle Paare (i,j), $P_\alpha = 1$.

5) Wenn $P_\alpha = 0$ für alle α, $L_n = W$; wenn $P_\alpha = 1$ für wenigstens ein α, $L_n = N$ (die Menge aller L_n nenne ich L).

6) Wenn wenigstens ein Element von L gleich W ist, ist B eine logische Identität; wenn alle Elemente von L gleich N sind, ist B keine logische Identität.

Die Berechnung zerfällt in *Elementaroperationen.* Die Höhe einer Elementaroperation in einer Berechnung nach einer Berechnungsvorschrift definiere ich durch transfinite Induktion folgendermassen (die Definition transfiniter Höhen brauche ich hier nicht, aber ich möchte sie brauchen in anderen Fällen).

1) Die Ausgangsdate der Berechnung haben eine Höhe 0;

2) Wenn alle Elementaroperationen, deren vorherige Vollziehung notwendig ist für die Vollziehung der Elementaroperation E, eine Höhe $< \beta$ haben, aber für jedes $\alpha < \beta$ nicht alle eine Höhe $< \alpha$, hat E eine Höhe β.

Das Maximum der Höhen der Elementaroperationen in einer Berechnung nach einer Berechnungsvorschrift nenne ich die Höhe der Berechnung.

Dieser Begriff der Höhe fällt *nicht* zusammen mit dem Begriff der Höhe eines Beweises, den ich definiert habe Band I Seite 40. Dass für die Elementaroperation B die vorherige Vollziehung der Elementaroperation A notwendig ist, impliziert nicht, dass das Ergebnis der Operation A die logische Prämisse des Erfolges der Operation B ist, sondern kann auch darauf beruhen, dass das Ergebnis der Operation A bestimmt, mit welchen Werten der Parameter die Operation B vollführt wird. Reinlogisch gesehen ist es z.B. sehr wohl möglich zu untersuchen, ob D_n eine logische Identität ist ohne vorhergehende Reduktion von C_n auf D_n; aber erst die Reduktion der C_n bestimmt, von welcher D_n untersucht werden wird, ob sie eine logische Identität ist.

Die hinreichende Bedingung, damit dieses Entscheidungsverfahren für einen Geist der charakteristischen Zahl 232 möglich sei, ist dass:

1) In dem ganzen Entscheidungsverfahren höchstens abzählbar-unendlich viele Zeichen betrachtet werden;

2) In keiner Elementaroperation mehr als abzählbar-unendlich viele Zeichen betrachtet werden;

3) Die Höhe der Berechnung immer endlich ist.

Die erste Bedingung ist enthalten in der zweiten und wird deshalb nicht weiter behandelt.

In jeder Reduktion einer C_n auf eine D_n werden insgesamt höchstens endlich viele Zeichen verwendet; ebenso in der Entscheidung für jede D_n, ob sie eine logische Identität ist.

Die Konstruktion jedes L_n's erfordert dann die Betrachtung nur endlich vieler Zeichen. Schliesslich erfordert die Entscheidung, ob L ein Element W enthält, die Betrachtung nur abzählbar-unendlich vieler Zeichen. Also ist die zweite Bedingung erfüllt.

Die Prüfung, ob die dritte Bedingung erfüllt ist, erfordert eine genaue Definition der Elementaroperationen. Wegen der Existenz dieses Entscheidungsverfahrens kann man sich eine „Rechenmaschine" für Geister der charakteristischen Zahl 232 denken, die für jede Formel ausrechnen kann, ob sie eine logische Identität ist oder nicht (selbstverständlich ist diese Rechenmaschine prinzipiell anders als unsere Rechenmaschinen, weil sie in einer unendlichen Menge ein Element suchen kann. Aber der entscheidende Punkt ist, dass auf jeder Stufe der Berechnung die Ergebnisse der vorhergehenden Bewirkungen die nächste Bewirkung eindeutig bestimmen).

Die für diese Berechnung verwendeten Elementaroperationen sind:

1) Für jede endliche Folge endlicher Folgen $(A_k : 1 \leq k \leq n)$ die Bildung der Menge aller Folgen $(B_k : 1 \leq k \leq n)$, wo jedes B_k ein Element von A_k ist (vgl. das Auswahlaxiom) (Auswahl);

2) Für jede Folge D die Bildung der Menge aller geordneten Paare, deren Elemente Elemente von D sind (Paarbildung);

3) Die Entscheidung, ob zwei Symbolfolgen äquiform sind (Vergleichung);

4) Die Entscheidung, ob ein Zeichen vorkommt in einer beliebigen endlichen oder unendlichen Menge (Suche).

Die erste Bewirkung ist eine Auswahl.

Die zweite Bewirkung ist für jeden Wert von α eine Paarbildung; für verschiedene Werte von α werden diese Bewirkungen unabhängig von einander vollführt; also haben die Ergebnisse der Bewirkungen der zweiten Vorschrift eine Höhe 2.

Die Bewirkungen der dritten Vorschrift können für verschiedene Werte von α, i und j unabhängig von einander vollzogen werden. Sie sind Vergleichungen, nämlich Vergleichungen der Symbolfolgen $(D_{i,l_i}, -D_{i,l_i})$ und (D_{i,l_i}, D_{j,l_j}). Also haben ihre Ergebnisse eine Höhe 3.

Die Bewirkungen der vierten Vorschrift können für verschiedene Werte von α unabhängig von einander vollzogen werden. Sie sind Suchen. Also haben ihre Ergebnisse eine Höhe 4.

Die Bewirkungen der fünften Vorschrift können für verschiedene Werte von n unabhängig von einander vollzogen werden. Sie sind Suchen. Also haben ihre Ergebnisse eine Höhe 5.

Die Bewirkung der sechsten Vorschrift ist eine Suche. Also hat das Endergebnis eine Höhe 6.

Also ist das Entscheidungsverfahren für einen Geist der charakteristischen Zahl 232 oder 233 möglich.

§ 12. *Geister der charakteristischen Zahl 234*

Aus demselben Grund wie Seite 1 (denn dieser Beweis verwendet nur die abzählbar-unendliche Kardinalzahl des Raumes) gestatte ich nur endliche oder unendliche, aber niemals transfinite Folgen von Zeichen als Formeln.

In der Aussagenlogik sind die Regeln für die Bildung wohlgebildeter Formeln dieselben wie Seite 1–2; nur die Nebenbedingung in den Regeln 4 und 5, dass die Längen der Formeln $A_1, \ldots, A_n, \ldots$ eine endliche Obergrenze haben, fällt fort, da sie nur wegen der Kettenzahl $\leq \omega + 1$ notwendig war.

Die Deduktionsregeln sind dieselben wie Seite 2–3. Ich verwende alle Worte in derselben Bedeutung wie Seite 2–10. Wie auf Seite 3–4 beweise ich in höchstens endlich vielen Stufen die Quasi-äquivalenz von A und D. Das metamathematische Theorem der Quasi-äquivalenz von D und E hat eine Höhe $\leq \omega$. Also hat das metamathematische Theorem der Quasi-äquivalenz von A und E eine Höhe $< 2\omega$.

Aus demselben Grund wie Seite 3–6 ist hier zwar jede Formel entweder einer konjunktiven oder einer disjunktiven Normalform äquivalent, im Allgemeinen aber nicht beides zugleich.

Satz 73 (Korollar des Satzes 68). Die Aussagenlogik für einen Geist der charakteristischen Zahl 234 hat Formeln die zwar eine disjunktive aber keine konjunktive Normalform haben.

Satz 74 (Beweis wie des Satzes 69). Die Aussagenlogik für einen Geist der charakteristischen Zahl 234 hat Formeln die zwar eine konjunktive, aber keine disjunktive Normalform haben.

§ 13. *Geister der charakteristischen Zahlen 322, 323, 324, 325 und 326*

Wir würden als Menschen nur dann genötigt sein den physischen Raum als einen Raum unabzählbar-unendlich vieler individuell wahrnehmbarer Punkte zu betrachten, wenn wir unabzählbar-unendlich viele Sinneseindrücke aufnehmen könnten. Aber dann hätten wir einen Vorstellungsraum unabzählbar-unendlich vieler individuell wahrnehmbarer Punkte. Also ist ein Raum unabzählbar-unendlich vieler individuell wahrnehmbarer Punkte, also der ersten charakteristischen Ziffer 3 nicht nur als Vorstellungsraum, sondern auch als physischer Raum für den Menschen schlechterdings unmöglich.

Dies heisst selbstverständlich nicht, dass nicht ein hemi- oder hyperanthropomorpher Geist den Raum worin wir leben als einen Raum unabzählbar-unendlich vieler individuell wahrnehmbarer Punkte wahrnehmen könnte. Man könnte sich z.B. vorstellen, dass er unseren Raum wahrnähme als einen Raum von welchem jeder Punkt individuell wahrnehmbar ist und drei Koordinaten hat die je aller Ordinalzahlen der ersten und zweiten Zahlklasse und ihrer Negationen fähig sind (negative Ordinalzahlen sind nicht definiert. Aber was ich sagen will ist, dass der Geist aus jedem Punkt nur unmittelbar auf einen der benachbarten Punkte übergehen kann (z.B. von $(0, 0, 0)$ auf $(0, 0, 1)$, $(0, 1, 0)$ oder $(1, 0, 0)$) und einen unendlichen Weg zurücklegt als Limes endlicher Wege). Aber auch dann könnte ein anthropomorpher Geist höchstens abzählbar-unendlich viele Punkte dieses Raumes individuell wahrnehmen, also diesen Raum auffassen als einen Raum abzählbar-unendlich vieler individuell wahrnehmbarer Punkte.

Ich nenne die Anzahl der Punkte des Vorstellungsraumes eines Geistes der charakteristischen Zahl 322 Z. Für ihn sind nur endliche Formeln möglich. Also ist jede Formel seiner Aussagenlogik einer Formel der menschlichen Aussagenlogik isomorph.

Die Bedingung der Zulässigkeit einer Deduktionsregel für einen Geist ist (siehe auch Band I Seiten 104, 106, 115, 117 und 119), dass sie die gleichzeitige Betrachtung einer Anzahl Elemente < der Übersichtszahl fordere. Also sind für einen Geist der charakteristischen Zahl 322 keine Deduktionsregeln möglich die nicht auch möglich sind für einen Menschen.

Die Anzahl der nicht-logischen Axiome einer innerhalb der Aussagenlogik formalisierten Theorie T nenne ich A. Die Anzahl der nicht-logischen Konstanten nenne ich K. A ist kleiner als die Übersichtszahl, ist also endlich. Ich setze voraus, dass K unendlich ist (denn sonst bekäme ich gar nichts Neues). Dann ist die Anzahl aller Formeln (wohlgebildet oder nicht-wohlgebildet) aus n Zeichen $K^n = K$ und die Menge aller dieser Formeln hat als die Vereinigung abzählbar-unendlich vieler Mengen der Kardinalzahl K eine Kardinalzahl K. Bei günstiger Beschaffenheit der Regeln für die Bildung wohlgebildeter Formeln (z.B. wenn die Theorie auch nur ein einstelliges Prädikat hat das eine Menge der Kardinalzahl K als Domäne hat), hat sie auch K wohlgebildete Formeln. Dann erhält man ein Theorem, indem man irgendeine dieser wohlgebildeten Formeln substituiert für jedes Atom in einem logischen Theorem, also K Theoreme. In diesem Fall kann der Geist also aus einer gegebenen Menge von Axiomen mehr Theoreme ableiten als ein Mensch.

§ 14. *Geister der charakteristischen Zahlen 332 und 333*

Wie auch ein Geist der charakteristischen Zahl 232 können solche Geister nicht nur Theoreme unendlicher Länge, sondern auch Theoreme beliebigen endlichen Verwicklungsgrades erfassen.

Weil die Kardinalzahl des Vorstellungsraumes unabzählbar-unendlich ist, kann ich (vgl. Band I Seite 114) nicht nur endliche oder unendliche, sondern auch transfinite Folgen von Zeichen als Formeln gestatten.

Zuerst setze ich wiederum voraus, dass die Ausdrücke gebildet werden durch Beziehungen der Aussagenlogik. Dann werden die Regeln für die Bildung wohlgebildeter Formeln:

1) Die Atome sind wohlgebildete Formeln. Die Kardinalzahl des Vorstellungsraumes setze ich aus einem sich erst später ergebenden Grunde $\geq$ Kontinuum. Aber die Anzahl der Atomklassen $\leq$ Kontinuum.

2) Wenn A eine wohlgebildete Formel ist, ist auch $-A$ eine wohlgebildete Formel.

3) Wenn A und B wohlgebildete Formeln sind, sind auch $A \rightarrow B$, $A \vee B$ und $A \wedge B$ wohlgebildete Formeln.

4) Wenn $A_1, \ldots, A_n, \ldots$ eine unendliche Folge wohlgebildeter Formeln ist deren Verwicklungsgrad eine endliche Obergrenze hat, ist auch $A_1 \vee \cdots \vee A_n \vee \ldots$ eine wohlgebildete Formel.

5) Wenn $A_1, \ldots, A_n, \ldots$ eine unendliche Folge wohlgebildeter Formeln ist deren Verwicklungsgrad eine endliche Obergrenze hat, ist auch $A_1 \wedge \cdots \wedge A_n \wedge \ldots$ eine wohlgebildete Formel.

6) Keine Formel ist eine wohlgebildete Formel, es sei denn auf Grund der Regeln 1–5.

Die Nebenbedingung in der vierten und fünften Regel ist notwendig, weil der Geist sonst Formeln unendlichen Verwicklungsgrades erhalten würde, während er nur Formeln endlichen Verwicklungsgrades erfassen kann. Die Nebenbedingung erfordert die gleichzeitige Betrachtung aller Unterformeln. Alle Unterformeln eines bestimmten Verwicklungsgrades zusammen enthalten höchstens alle Zeichen der Formel, also abzählbar-unendlich viele. Dann ist die Menge aller Zeichen aller Unterformeln (jedes Zeichen wird in jeder Menge in der es auftritt einmal gezählt) als die Vereinigung höchstens abzählbar-unendlich vieler je höchstens abzählbar-unendlicher Mengen höchstens abzählbar-unendlich. Also ist diese Nebenbedingung für einen Geist der charakteristischen Zahl 332 zulässig.

Durch Rekurrenz beweise ich, dass ich nur Formeln höchstens abzählbar-unendlich vieler Zeichen erhalte.

Die Anzahl der Zeichen einer Formel A nenne ich $Z(A)$.

1) Der Satz ist richtig für die Atome: diese enthalten je nur ein Zeichen.

2) Ich setze voraus, dass $Z(A) \leq \aleph_0$. Dann $Z(-A) \leq Z(A) + 3 \leq \aleph_0 + 3 = \aleph_0$ ($-A$ enthält ausser den Zeichen von A noch $-$ und die Klammern vor und hinter A).

3) Ich setze voraus, dass $Z(A) \leq \aleph_0$ und $Z(B) \leq \aleph_0$. Dann kann $A \vee B$, $A \wedge B$ oder $A \rightarrow B$ enthalten: die Zeichen von A, die Zeichen von B, das Zeichen $\vee$, $\wedge$ oder $\rightarrow$ und die Klammern um A und B. Also $Z(A \wedge B) = = Z(A \rightarrow B) = Z(A \vee B) \leq Z(A) + Z(B) + 5 = \aleph_0 + \aleph_0 + 5 \leq \aleph_0$.

4) Ich setze voraus, dass

$$Z(A_1) \leqq \aleph_0$$
$$\vdots$$
$$Z(A_n) \leqq \aleph_0$$
$$\vdots$$

Dann enthält $A_1 \vee \cdots \vee A_n \vee \ldots$ oder $A_1 \wedge \cdots \wedge A_n \wedge \ldots$ ausser den Zeichen der A_n noch die abzählbar-unendlich vielen $\vee$ oder $\wedge$ und die höchstens abzählbar-unendlich vielen Klammern (höchstens um jede Formel A_n zwei). Also

$$Z(A_1 \vee \cdots \vee A_n \vee \ldots) = Z(A_1 \wedge \cdots \wedge A_n \wedge \ldots) \leqq$$
$$\sum_{n=1}^{\infty} Z(A_n) + \aleph_0 + \aleph_0 \leqq \sum_{n=1}^{\infty} \aleph_0 + \aleph_0 = \aleph_0 + \aleph_0 = \aleph_0$$

Die $\rightarrow$ kann man aus den Formeln eliminieren mittels der bekannten Substitution aus der endlichen Aussagenlogik: $a \rightarrow b = -a \vee b$.

Satz 75. Die Formeln der Aussagenlogik der Geister der charakteristischen Zahl 332 enthalten zusammen eine Menge Zeichen der Kardinalzahl Kontinuum.

Beweis. Ich beweise zuerst, dass die Aussagenlogik der Geister der charakteristischen Zahl 332 eine Menge Formeln der Kardinalzahl Kontinuum enthält.

Um dies zu beweisen beweise ich zuerst durch vollständige Induktion nach n, dass diese Aussagenlogik eine Menge wohlgebildeter Formeln enthält eines Verwicklungsgrades $\leqq n$ einer Kardinalzahl Kontinuum.

1) Der Satz ist richtig für Formeln des Verwicklungsgrades 0.

2) Ich setze voraus, dass bewiesen ist, dass die Aussagenlogik eine Menge Formeln der Kardinalzahl Kontinuum eines Verwicklungsgrades $\leqq n$ enthält.

Dann zerfallen die Formeln des Verwicklungsgrades $\leqq n+1$ in die nachstehenden vier Klassen:

A) Die Formeln eines Verwicklungsgrades $\leqq n$.

B) Die Formeln $E = -F$, wo F eine Formel ist des Verwicklungsgrades n. Es gibt eine Menge Formeln der Kardinalzahl Kontinuum des Verwicklungsgrades n, also auch eine Menge der Kardinalzahl Kontinuum von Formeln der Klasse A.

C) Die Formeln $E = F \wedge G$, $E = F \vee G$ und $F \rightarrow G$, wo F und G einen Verwicklungsgrad $\leqq n$ haben. Die Anzahl der Formeln F ist Kontinuum, die Anzahl der Formeln G ist Kontinuum, also die Anzahl der Formeln $F \wedge G$, $F \rightarrow G$ oder $F \vee G$ gleich Kontinuum $\times$ Kontinuum $=$ Kontinuum. Also ist die Anzahl der Formeln der Klasse B die Anzahl der Formeln $F \wedge G$, $F \vee G$ und $F \rightarrow G$ gleich $3 \times$ Kontinuum $=$ Kontinuum.

D) Die Formeln $E = F_1 \wedge \cdots \wedge F_\alpha \wedge \ldots$ und $E = F_1 \vee \cdots \vee F_\alpha \vee \ldots$, wo $F_1, \ldots, F_\alpha, \ldots$ einen Verwicklungsgrad $\leq n$ haben. Dann hängt jede Formel $E = F_1 \wedge \cdots \wedge F_\alpha \wedge \ldots$ oder $E = F_1 \vee \cdots \vee F_\alpha \vee \ldots$ ab von den Parametern $F_1, \ldots, F_\alpha, \ldots$, deren Anzahl $< C$, die je einer Wertezahl der Mächtigkeit Kontinuum fähig sind. Also ist die Anzahl der Formeln $F_1 \vee \cdots \vee F_\alpha \vee \ldots$ oder $F_1 \wedge \cdots \wedge F_\alpha \wedge \ldots$ gleich *Kontinuum*$^{\aleph_0} = $ *Kontinuum*. Also ist die Anzahl der Formeln der Klasse D die Anzahl der Formeln $F_1 \vee \cdots \vee F_\alpha \vee \ldots$ und $F_1 \wedge \cdots \wedge F_\alpha \wedge \ldots$, also $2 \times$ *Kontinuum* $=$ *Kontinuum*.

Also hat die Menge der Formeln des Verwicklungsgrads $\leq n+1$ als die Vereinigung von vier Mengen der Mächtigkeit Kontinuum die Mächtigkeit Kontinuum.

Dann hat auch die Menge aller Formeln als die Vereinigung abzählbar-unendlich vieler Mengen der Mächtigkeit Kontinuum die Mächtigkeit Kontinuum.

Dann hat auch die Menge aller Zeichen aller Formeln als die Vereinigung einer Menge der Mächtigkeit Kontinuum von Mengen je höchstens abzählbar-unendlich vieler Zeichen die Mächtigkeit Kontinuum.

Korollar. Die Theorie ist möglich für einen Geist der charakteristischen Zahl 332.

Satz 76. Die Aussagenlogik der Geister der charakteristischen Zahl 332 hat Formeln, die (wenigstens für die Geister der charakteristischen Zahl 332 selbst) weder eine konjunktive noch eine disjunktive Normalform besitzen.

Beweis. Dieser Satz gilt sogar, wenn man ausser den Deduktionsregeln aus der endlichen Aussagenlogik und den 6 Deduktionsregeln Seite 2–3 noch ohne weitere Begründung eine unbeschränkte Anwendung der distributiven Gesetze auch auf unendliche Konjunktionen und Disjunktionen gestattet.

Eine Formel, die (wenigstens für einen Geist der charakteristischen Zahl 332) weder eine konjunktive noch eine disjunktive Normalform hat, ist

$$\bigcap_{m=1}^{\infty} \bigcup_{n=1}^{\infty} (a_{mn} \wedge b_{mn}).$$

Wenn wir diese Formel auf die konjunktive Normalform bringen wollten, müssten wir zuerst für jedes m die Formel

$$\bigcup_{n=1}^{\infty} (a_{mn} \wedge b_{mn})$$

auf die konjunktive Normalform bringen. Aber nach dem Beweise Seite 5–6 hätte bereits die konjunktive Normalform einer dieser unendlichen Disjunktionen eine Zeichenmenge der Mächtigkeit des Kontinuums und wäre also für einen Geist der charakteristischen Zahl 332 unzulässig. Dies würde also a fortiori für die konjunktive Normalform von

$$\bigcap_{m=1}^{\infty} \bigcup_{n=1}^{\infty} (a_{mn} \wedge b_{mn})$$

gelten.

Ich setze $a_{mn} \wedge b_{mn} = c_{mn}$. Dann

$$\bigcap_{m=1}^{\infty} \bigcup_{n=1}^{\infty} (a_{mn} \wedge b_{mn}) = \bigcap_{m=1}^{\infty} \bigcup_{n=1}^{\infty} c_{mn} =$$

$$= \bigcup_{k_1=1}^{\infty} \cdots \bigcup_{k_m=1}^{\infty} \cdots (c_{1,k_1} \wedge \cdots \wedge c_{m,k_m} \wedge \cdots).$$

Jede unendliche Konjunktion hängt ab von abzählbar-unendlich vielen je abzählbar-unendlich vieler Werte fähigen Parametern. Also enthält die unendliche Disjunktion eine Menge der Mächtigkeit Kontinuum unendlicher Konjunktionen. Jede unendliche Konjunktion enthält abzählbar-unendlich viele Zeichen. Also enthält die disjunktive Normalform eine Zeichenmenge der Mächtigkeit des Kontinuums und ist also für einen Geist der charakteristischen Zahl 332 unmöglich.

Definition. Ich definiere die generalisierten konjunktiven und disjunktiven Normalformen durch Rekurrenz folgendermassen:

1) Ein Atom oder Atom mit Negation ist ebensowohl eine generalisierte konjunktive wie eine generalisierte disjunktive Normalform.

2) Die Konjunktion einer endlichen oder unendlichen (aber nicht transfiniten!) Folge von Atomen oder Atomen mit Negation ist eine generalisierte konjunktive Normalform.

3) Die Disjunktion einer endlichen oder unendlichen (aber nicht transfiniten!) Folge von Atomen oder Atomen mit Negation ist eine generalisierte disjunktive Normalform.

4) Die Konjunktion einer unendlichen Folge generalisierter disjunktiver Normalformen ist eine generalisierte konjunktive Normalform.

5) Die Disjunktion einer unendlichen Folge generalisierter konjunktiver Normalformen ist eine generalisierte disjunktive Normalform.

Satz 77. Jede Formel A der Aussagenlogik der Geister der charakteristischen Zahlen 332, 333, 334, 335 oder 336 hat entweder eine generalisierte konjunktive oder eine generalisierte disjunktive Normalform, deren Verwicklungsgrad $\leq$ der Verwicklungsgrad der Formeln erhalten aus A durch Eliminierung von $\leftrightarrow$ und $\rightarrow$ mittels der bekannten Substitutionen $B{\rightarrow}C = -B \vee C$ und $B{\leftrightarrow}C = (B \vee -C) \wedge (-B \vee C)$.

Beweis. Um dies zu beweisen brauche ich zwei Lemmata:

Lemma 1. Die Negation einer generalisierten konjunktiven Normalform hat eine generalisierte disjunktive Normalform und die Negation einer generalisierten disjunktiven Normalform hat eine generalisierte konjunktive Normalform mit einem höchstens um 1 erhöhten Verwicklungsgrad.

Beweis. Durch transfinite Induktion nach α, dem Verwicklungsgrad.

1) Der Satz ist richtig für $\alpha = 0$; denn ein Atom oder ein Atom mit Negation ist ebensowohl eine generalisierte konjunktive wie eine generalisierte disjunktive Normalform des Verwicklungsgrads 0 oder 1.

2) Der Satz ist richtig für $\alpha = 1$, wenn die Formel ein Atom mit Negation ist. Denn dann ist ihre Negation ein Atom, also sowohl eine generalisierte konjunktive als auch eine generalisierte disjunktive Normalform des Verwicklungsgrads 0.

3) Ich setze voraus, dass der Satz bewiesen worden ist für Formeln eines Verwicklungsgrads $< \alpha$. Dann sei A eine generalisierte disjunktive Normalform eines Verwicklungsgrads α, also

$$A = \bigcup_{m=1}^{\infty} A_m,$$

wo die A_m generalisierte konjunktive Normalformen eines Verwicklungsgrads $< \alpha$ sind. Dann

$$-A = -\bigcup_{m=1}^{\infty} A_m = \bigcap_{m=1}^{\infty} -A_m = \bigcap_{m=1}^{\infty} B_m$$

(die B_m sind generalisierte disjunktive Normalformen eines Verwicklungsgrads $\leq \alpha$). Also hat $-A$ eine generalisierte konjunktive Normalform eines Verwicklungsgrads $\leq \alpha + 1$.

C sei eine generalisierte konjunktive Normalform des Verwicklungsgrads α, also

$$C = \bigcap_{m=1}^{\infty} C_m,$$

wo die C_m generalisierte disjunktive Normalformen eines Verwicklungsgrads $< \alpha$ sind. Dann

$$- C = - \bigcap_{m=1}^{\infty} C_m = \bigcup_{m=1}^{\infty} - C_m = \bigcup_{m=1}^{\infty} D_m,$$

wo die D_m generalisierte konjunktive Normalformen eines Verwicklungsgrads $\leqq \alpha$ sind. Also hat $-C$ eine generalisierte disjunktive Normalform eines Verwicklungsgrads $\leqq \alpha + 1$.

Lemma 2. Die Konjunktion zweier generalisierter konjunktiver Normalformen eines Verwicklungsgrads $\leqq \alpha$ hat eine generalisierte konjunktive Normalform eines Verwicklungsgrads $\leqq \alpha + 1$ und die Disjunktion zweier generalisierter disjunktiver Normalformen eines Verwicklungsgrads $\leqq \alpha$ hat eine generalisierte disjunktive Normalform eines Verwicklungsgrads $\leqq \alpha + 1$.

Beweis. Ich setze voraus, dass A eine generalisierte konjunktive Normalform

$$C = \bigcap_{n=1}^{\infty} C_n$$

und B eine generalisierte konjunktive Normalform

$$D = \bigcap_{n=1}^{\infty} D_n$$

eines Verwicklungsgrads $\leqq \alpha$ hat.

$$A \wedge B = \bigcap_{n=1}^{\infty} C_n \wedge \bigcap_{n=1}^{\infty} D_n = \bigcap_{n=1}^{\infty} E_n,$$

wo $E_{2n-1} = C_n$ und $E_{2n} = D_n$, und ist also eine generalisierte konjunktive Normalform eines Verwicklungsgrads $\leqq \alpha$.

Nur wenn A und B Atome oder Atome mit Negation sind, hat $A \wedge B$ einen Verwicklungsgrad $\leqq \alpha + 1$.

Ich setze voraus, dass A eine generalisierte disjunktive Normalform

$$C = \bigcup_{n=1}^{\infty} C_n$$

eines Verwicklungsgrads $\leqq \alpha$ und B eine generalisierte disjunktive Normalform

$$D = \bigcup_{n=1}^{\infty} D_n$$

eines Verwicklungsgrads $\leq \alpha$ hat. Dann

$$A \vee B = \bigcup_{n=1}^{\infty} C_n \vee \bigcup_{n=1}^{\infty} D_n = \bigcup_{n=1}^{\infty} E_n,$$

wo $E_{2n-1} = C_n$ und $E_{2n} = D_n$, und ist also eine generalisierte disjunktive Normalform eines Verwicklungsgrads $\leq \alpha$.

Nur wenn A und B Atome oder Atome mit Negation sind, hat die generalisierte disjunktive Normalform von $A \vee B$ einen Verwicklungsgrad $\alpha + 1$.

Jetzt gehe ich über zum Beweis des Hauptsatzes.

Ich setze zuerst voraus, dass alle Implikationen und Äquivalenzen aus der Formel eliminiert worden sind durch die bekannten Substitutionen:

$$A \rightarrow B = -A \vee B \quad \text{und} \quad A \leftrightarrow B = (A \vee -B) \wedge (-A \vee B)$$

Dann beweise ich den Satz durch Rekurrenz:

1) Der Satz ist richtig für Atome.

2) Wenn A (des Verwicklungsgrads α) eine generalisierte konjunktive Normalform hat, hat $-A$ eine generalisierte disjunktive Normalform eines Verwicklungsgrads $\leq \alpha + 1$; wenn A eine generalisierte disjunktive Normalform des Verwicklungsgrads α hat, hat $-A$ eine generalisierte konjunktive Normalform eines Verwicklungsgrads $\leq \alpha + 1$.

3) Ich setze voraus, dass A und B beide entweder eine generalisierte konjunktive oder eine generalisierte disjunktive Normalform eines Verwicklungsgrads $\leq \alpha$ haben. Dann gibt es vier Fälle:

a) A hat eine generalisierte konjunktive Normalform

$$C = \bigcap_{n=1}^{\infty} C_n$$

und B eine generalisierte konjunktive Normalform

$$D = \bigcap_{n=1}^{\infty} D_n.$$

Dann ist bereits bewiesen worden, dass $A \wedge B$ eine generalisierte konjunktive Normalform eines Verwicklungsgrads $\leq \alpha + 1$ hat. Dann

$$A \vee B = \bigcap_{m=1}^{\infty} C_m \vee \bigcap_{n=1}^{\infty} D_n = \bigcap_{m=1}^{\infty} \bigcap_{n=1}^{\infty} (C_m \vee D_n) = \bigcap_{m=1}^{\infty} \bigcap_{n=1}^{\infty} E_{m,n}.$$

Nach dem Lemma 2 hat $C_m \vee D_n$ als Disjunktion zweier disjunktiver Normalformen eine disjunktive Normalform $E_{m,n}$ eines Verwicklungsgrads $< \alpha$. Die unendliche Doppelfolge

$$\bigcap_{m=1}^{\infty} \bigcap_{n=1}^{\infty} E_{m,n}$$

kann übergeführt werden in die einfache unendliche Folge

$$\bigcap_{n=1}^{\infty} F_n .$$

Diese ist also eine generalisierte konjunktive Normalform von $A \vee B$ eines Verwicklungsgrads $\leq \alpha + 1$.

b) A hat eine generalisierte disjunktive Normalform

$$C = \bigcup_{n=1}^{\infty} C_n$$

eines Verwicklungsgrades $\leq \alpha$ und B eine generalisierte disjunktive Normalform

$$D = \bigcup_{n=1}^{\infty} D_n$$

eines Verwicklungsgrads $\leq \alpha$. Dann ist bereits bewiesen worden, dass $A \vee B$ eine generalisierte disjunktive Normalform hat.

$$A \wedge B = \bigcup_{m=1}^{\infty} C_m \wedge \bigcup_{n=1}^{\infty} D_n = \bigcup_{m=1}^{\infty} \bigcup_{n=1}^{\infty} (C_m \wedge D_n) = \bigcup_{m=1}^{\infty} \bigcup_{n=1}^{\infty} E_{m,n} ,$$

wo $E_{m,n}$ die generalisierte konjunktive Normalform von $C_m \wedge D_n$ ist. Die unendliche Doppelfolge $E_{m,n}$ kann übergeführt werden in eine einfache unendliche Folge

$$\bigcup_{n=1}^{\infty} F_n .$$

c) A hat eine generalisierte disjunktive Normalform

$$C = \bigcup_{n=1}^{\infty} C_n$$

und B eine generalisierte konjunktive Normalform

$$D = \bigcap_{n=1}^{\infty} D_n .$$

Also

$$A \vee B = \bigcup_{n=1}^{\infty} C_n \vee \bigcap_{n=1}^{\infty} D_n = \bigcap_{n=1}^{\infty} D_n \vee \bigcup_{n=1}^{\infty} C_n ,$$

ist also eine generalisierte disjunktive Normalform eines Verwicklungsgrads $\leq \alpha + 1$.

$$A \wedge B = \bigcup_{n=1}^{\infty} C_n \wedge \bigcap_{n=1}^{\infty} D_n,$$

ist also eine generalisierte konjunktive Normalform eines Verwicklungsgrads $\leq \alpha + 1$.

d) A hat eine generalisierte konjunktive Normalform

$$C = \bigcap_{n=1}^{\infty} C_n$$

und B eine generalisierte disjunktive Normalform

$$D = \bigcup_{n=1}^{\infty} D_n.$$

Dieser Fall ist symmetrisch zum Fall c.

4) Ich betrachte den Fall, dass

$$A = \bigcup_{n=1}^{\infty} A_n \quad \text{oder} \quad B = \bigcap_{n=1}^{\infty} A_n,$$

wo die A_n alle entweder eine generalisierte konjunktive oder eine generalisierte disjunktive Normalform eines Verwicklungsgrads $< \alpha$ haben. Drei
Fälle sind zu unterscheiden:

a) Eine endliche Anzahl der A_n hat eine generalisierte konjunktive
Normalform, eine unendliche Anzahl der A_n hat eine generalisierte disjunktive Normalform;

b) Eine unendliche Anzahl der A_n hat eine generalisierte konjunktive
Normalform, eine endliche Anzahl der A_n hat eine generalisierte disjunktive Normalform;

c) Eine unendliche Anzahl der A_n hat eine generalisierte konjunktive
Normalform, eine unendliche Anzahl der A_n hat eine generalisierte disjunktive Normalform.

a) In diesem Fall darf ich wegen der allgemeinen Kommutativität
voraussetzen, dass die $A_1, \dots, A_n$ die generalisierten konjunktiven Normalformen

$$\bigcap_m C_{i,m}$$

haben und die $A_{n+1}, \dots$ die generalisierten disjunktiven Normalformen

$$\bigcup_m D_{i,m}.$$

Die E_m sind eine Abzählung der $D_{k,m}$. Also ist

$$\bigcup_{m=1}^{\infty} A_m = \bigcup_{m=1}^{n} A_m \vee \bigcup_{m=1}^{\infty} E_m$$

eine generalisierte disjunktive Normalform eines Verwicklungsgrads $\leqq \alpha$.

$$\bigcap_{m=1}^{\infty} A_m = \bigcap_{m=1}^{n} A_m \wedge \bigcap_{m=n+1}^{\infty} A_m = \bigcap_{m=1}^{n} \bigcup_{k=1}^{\infty} D_{m,k} \wedge \bigcap_{m=n+1}^{\infty} A_m =$$

$$= \bigcup_{m=1}^{\infty} F_m \wedge \bigcap_{m=n+1}^{\infty} A_m .$$

(F_m) ist eine Abzählung von $(D_{m,k})$.

Ich bezeichne den Verwicklungsgrad einer Formel A mit $V(A)$. Immer

$$V(D_{m,k}) < V(A_m),$$

also

$$V(D_{m,k}) + 1 \leqq V(A_m)$$

$$V(D_{m,k}) + 2 \leqq V(A_m) + 1$$

$$V(A_m) < \alpha,$$

also

$$V(A_m) + 1 \leqq \alpha .$$

Also

$$V(D_{m,k}) + 2 \leqq V(A_m) + 1 \leqq \alpha$$

$$V(F_m) + 2 \leqq \alpha$$

$$\operatorname{Sup}_{m} V(F_m) + 2 \leqq \alpha$$

$$V\left(\bigcup_{m=1}^{\infty} F_m\right)$$

ist die erste Ordinalzahl grösser als alle $V(F_m)$, also

$$\operatorname{Sup}_{m} (V(F_m) + 1).$$

$$V\left(\bigcup_{m=1}^{\infty} F_m\right) = \operatorname{Sup}_{m}(V(F_m) + 1) \leqq \operatorname{Sup}_{m}(V(F_m)) + 1 < \alpha .$$

Die A_m mit $m \geqq k$ haben jedenfalls einen Verwicklungsgrad $\leqq \alpha$. Also

$$V\left(\bigcup_{m=1}^{\infty} F_m \wedge \bigcap_{m=n+1}^{\infty} A_m\right) = \operatorname*{Sup}_{n+1 \leqq k \leqq \infty}\left(V\left(\bigcup_{m=1}^{\infty} F_m\right) + 1, V(A_k) + 1\right) \leqq \alpha .$$

b) In diesem Fall darf ich wegen der allgemeinen Kommutativität voraussetzen, dass die $A_1, \ldots, A_n$ die generalisierten disjunktiven Normalformen

$$\bigcup_i C_{i,m}$$

haben und A_i für $i > n$ die generalisierte konjunktive Normalform

$$\bigcap_i D_{i,m}$$

hat. Die E_m sind eine Abzählung der $D_{k,m}$. Also ist

$$\bigcap_{m=1}^{\infty} A_m = \bigcap_{m=1}^{n} A_m \wedge \bigcap_{m=1}^{\infty} E_m$$

eine generalisierte konjunktive Normalform eines Verwicklungsgrads $\leq \alpha$.

$$\bigcup_{m=1}^{\infty} A_m = \bigcup_{m=1}^{n} A_m \vee \bigcup_{m=n+1}^{\infty} A_m = \bigcup_{m=1}^{n} \bigcap_{k=1}^{\infty} D_{m,k} \vee \bigcup_{m=n+1}^{\infty} A_m =$$

$$= \bigcap_{m=1}^{\infty} F_m \vee \bigcup_{m=n+1}^{\infty} A_m .$$

(F_m) ist eine Abzählung von $(D_{m,k})$

$$V\left(\bigcap_{m=1}^{\infty} F_m \right) = \mathrm{Sup}_m \left(V(F_m) + 1 \right) < \alpha .$$

Die A_m mit $m > n$ haben jedenfalls einen Verwicklungsgrad $< \alpha$. Also

$$V\left(\bigcap_{m=1}^{\infty} F_m \vee \bigcup_{m=n+1}^{\infty} A_m \right) = \mathop{\mathrm{Sup}}_{n+1 \leq k \leq \infty} \left(V\left(\bigcap_{m=1}^{\infty} F_m \right) + 1, V(A_k) + 1 \right) \leq \alpha .$$

c) In diesem Fall darf ich wegen der allgemeinen Kommutativität voraussetzen, dass A_{2n-1} die generalisierte konjunktive Normalform

$$\bigcap_{m=1}^{\infty} C_{2n,m}$$

hat und A_{2n} die generalisierte disjunktive Normalform

$$\bigcup_{m=1}^{\infty} D_{n,m} .$$

Die E_m sind eine Abzählung der $C_{k,m}$, die F_m eine Abzählung der $D_{k,m}$.

$$\bigcap_{n=1}^{\infty} A_n = \bigcap_{k=1}^{\infty} \bigcap_{m=1}^{\infty} C_{k,m} \wedge \bigcap_{n=1}^{\infty} A_{2n} = \bigcap_{m=1}^{\infty} E_m \wedge \bigcap_{n=1}^{\infty} A_{2n},$$

hat also eine generalisierte konjunktive Normalform eines Verwicklungsgrads $\leq \alpha$.

$$\bigcup_{n=1}^{\infty} A_n = \bigcup_{n=1}^{\infty} A_{2n-1} \vee \bigcup_{k=1}^{\infty} \bigcup_{m=1}^{\infty} D_{k,m} = \bigcup_{n=1}^{\infty} A_{2n-1} \vee \bigcup_{m=1}^{\infty} F_m,$$

hat also eine generalisierte disjunktive Normalform eines Verwicklungsgrads $\leq \alpha$.

Die Aussagenlogik der Geister der charakteristischen Zahlen 332, 333, 334, 335 und 336 kann nicht entschieden werden mittels der konjunktiven Normalform, denn diese haben sie im Allgemeinen genommen nicht. Die Untersuchung, ob es für die Formeln ihrer Aussagenlogik nicht ein anderes Entscheidungsverfahren gibt, wäre sehr kompliziert. Deshalb unterlasse ich sie.

§ 15. *Geister der charakteristischen Zahlen 334, 335 und 336*

Ich setze die Kardinalzahl eines Geistes dieser charakteristischen Zahl $\geq$ *Kontinuum*.

S. C. Kleene definiert in 1), dass eine Darstellung von Ordinalzahlen durch natürliche Zahlen ein r-System ist, wenn 1) Keine Zahl zwei verschiedene Ordinalzahlen darstellt, 2) Es eine partiell rekursive Funktion K gibt derart, dass, wenn X null ist (bzw. die einer Ordinalzahl unmittelbar folgende Ordinalzahl ist, bzw. der Limes einer wachsenden Folge von Ordinalzahlen ist), dann für jede Zahl x die X darstellt, $K(x)=0$, bzw. $K(x)=1$, $K(x)=2$. 3) Es eine partiell rekursive Funktion P gibt derart, dass, wenn X die einer Ordinalzahl Y folgende Ordinalzahl ist, für jede Zahl x die X darstellt, $P(x)$ eine Zahl ist die Y darstellt, 4) Es eine partiell rekursive Funktion Q gibt derart dass, wenn X der Limes einer wachsenden Folge von Ordinalzahlen ist, dann für jede Zahl x die X darstellt es eine wachsende Folge von Ordinalzahlen (Y_n) des Ordnungstypus ω gibt die X als Limes hat, derart dass für jede natürliche Zahl n gilt: $Q(x, n)$ ist eine Zahl die Y_n darstellt.

Kleene beweist in dieser Schrift, dass es eine abzählbare kleinste Ordinalzahl ω_1 gibt, die nicht in einem einwertigen r-Systeme darstellbar ist.

Diese Zahl ω_1 hat für Geister der charakteristischen Zahl 334 nicht dieselbe Bedeutung wie für Menschen, weil für sie auch Notierungen unendlich vieler Zeichen möglich sind.

Ich betrachte nur den Fall, dass die Kettenzahl K eine Limeszahl ist. Denn sonst könnte sich der Fall ereignen, dass A eine wohlgebildete Formel wäre, aber $-A$ nicht, oder A und B wohlgebildete Formeln, aber $A \vee B$, $A \wedge B$ und $A \rightarrow B$ nicht. Dann werden die Regeln für die Bildung wohlgebildeter Formeln:

1) Die Atome sind wohlgebildete Formeln. Es gibt aber höchstens eine Menge von Atomklassen der Mächtigkeit des Kontinuums.

2) Wenn A eine wohlgebildete Formel ist, ist auch $-A$ eine wohlgebildete Formel.

3) Wenn A und B wohlgebildete Formeln sind, sind auch $A \vee B$, $A \wedge B$ und $A \rightarrow B$ wohlgebildete Formeln.

4) Wenn $A_1,...,A_\alpha,...$ eine endliche, unendliche oder abzählbar-unendliche transfinite Folge wohlgebildeter Formeln ist, deren Verwicklungsgrad eine Obergrenze $< K$ hat, sind auch

$$A_1 \vee \cdots \vee A_\alpha \vee \ldots \quad \text{und} \quad A_1 \wedge \cdots \wedge A_\alpha \wedge \ldots$$

wohlgebildete Formeln.

5) Keine Formel ist eine wohlgebildete Formel, es sei denn auf Grund der Regeln 1–4.

Durch Rekurrenz beweise ich, dass ich nur Formeln höchstens abzählbar-unendlich vieler Zeichen und eines Verwicklungsgrades $< K$ erhalte. Die Anzahl der Zeichen einer Formel A nenne ich $Z(A)$ und den Verwicklungsgrad der Formel A nenne ich $V(A)$.

1) Der Satz ist richtig für die Atome: diese enthalten je nur ein Zeichen und haben einen Verwicklungsgrad 0.

2) Ich setze voraus, dass $Z(A) \leqq \aleph_0$ und $V(A) < K$. Dann

$$Z(-A) \leqq Z(A) + 3 \leqq \aleph_0 + 3 = \aleph_0$$

$V(-A) = V(A) + 1 < K$ (denn K ist eine Limeszahl).

3) Ich setze voraus, dass $Z(A) \leqq \aleph_0$ und $Z(B) \leqq \aleph_0$, $V(A) < K$ und $V(B) < K$. Dann setze ich $\text{Max}(V(A), V(B)) = V$. Dann

$$Z(A \vee B) \leqq \aleph_0, \quad Z(A \rightarrow B) \leqq \aleph_0, \quad Z(A \wedge B) \leqq \aleph_0$$

(Beweis wie Band I Seite 103 und 104).

$$V(A \wedge B) = V(A \vee B) = V(A \rightarrow B) = V + 1 < K,$$

denn $V < K$ und K ist eine Limeszahl.

4) Ich setze voraus, dass

$$Z(A_1) \leqq \aleph_0$$
$$\vdots$$
$$Z(A_\alpha) \leqq \aleph_0$$
$$\vdots$$

und dass $V_0 < K$, wo V_0 die erste Ordinalzahl ist, die alle $V(A_\alpha)$ übersteigt. Dann

$$Z(A_1 \vee \cdots \vee A_\alpha \vee \ldots) = Z(A_1 \wedge \ldots \wedge A_\alpha \wedge \ldots) \leqq \aleph_0 .$$

(Beweis wie Seite 16.)

$$V(A_1 \vee \cdots \vee A_\alpha \vee \ldots) = V(A_1 \wedge \cdots \wedge A_\alpha \wedge \ldots) = V_0 < K .$$

Die Geister der charakteristischen Zahlen 335 und 336 sind homo-theoretisch auf Grund des Satzes 6. Also betrachte ich nur die Geister der charakteristischen Zahl 335. Die Kardinalzahl des Vorstellungs-raumes setze ich $\geqq$ Kontinuum. Dann werden die Regeln für die Bildung wohlgebildeter Formeln in der Aussagenlogik:

1) Die Atome sind wohlgebildete Formeln. Aber die Anzahl der Atomklassen $\leqq$ Kontinuum.

2) Wenn A eine wohlgebildete Formel ist, ist auch $-A$ eine wohl-gebildete Formel.

3) Wenn A und B wohlgebildete Formeln sind, sind auch $A \rightarrow B$, $A \vee B$ und $A \wedge B$ wohlgebildete Formeln.

4) Wenn $A_1, \ldots, A_\alpha, \ldots$ eine endliche, unendliche oder abzählbar-unendliche transfinite Folge wohlgebildeter Formeln ist, sind auch $A_1 \vee \cdots \vee A_\alpha \vee \ldots$ und $A_1 \wedge \cdots \wedge A_\alpha \wedge \ldots$ wohlgebildete Formeln.

5) Keine Formel ist eine wohlgebildete Formel, es sei denn auf Grund der Regeln 1–4.

Satz 78. Für eine nach diesen Regeln gebildete Formel A ist die Anzahl der Zeichen $Z(A) \leqq \aleph_0$ und der Verwicklungsgrad $V(A) < \Omega$ (Ω ist die erste unabzählbar-unendliche Ordinalzahl).

Beweis. Durch Rekurrenz:

1) Der Satz ist richtig, wenn A ein Atom ist: dann $Z(A) = 1$ und $V(A) = 0$.

2) Ich setze voraus, dass $Z(A) \leqq \aleph_0$ und $V(A) < \Omega$. Dann $Z(-A) \leqq$ $\leqq Z(A) + 3 \leqq \aleph_0 + 3 \leqq \aleph_0$

$$V(-A) = V(A) + 1 < \Omega$$

(denn Ω ist ein Limeszahl).

3) Ich setze voraus, dass $Z(A)\leqq\aleph_0$ und $Z(B)\leqq\aleph_0$, $V(A)<\Omega$ und $V(B)<\Omega$. Dann setze ich $\text{Max}(V(A), V(B))=V_0$. Dann $Z(A\vee B)=$
$=Z(A\wedge B)=Z(A\rightarrow B)\leqq\aleph_0$ (Beweis wie Seite 27)
$V(A\wedge B)=V(A\vee B)=V(A\rightarrow B)=V_0+1<\Omega$, denn $V_0<\Omega$ und Ω ist eine Limeszahl.

4) Ich setze voraus, dass

$$Z(A_1) \leqq \aleph_0 \text{ und}$$
$$\vdots$$
$$Z(A_\alpha) \leqq \aleph_0$$
$$\vdots$$
$$V(A_1) < \Omega$$
$$\vdots$$
$$V(A_\alpha) < \Omega.$$

$$\text{Dann } Z(A_1 \vee \cdots \vee A_\alpha \vee \ldots) = Z(A_1 \wedge \cdots \wedge A_\alpha \wedge \ldots) \leqq \aleph_0$$

(Beweis wie Seite 16)

Die $V(A_\alpha)$ sind eine höchstens abzählbar-unendliche Menge je höchstens abzählbar-unendlicher Ordinalzahlen. Also ist auch $V=V(A_1\vee\cdots\vee A_\alpha\vee\ldots)=V(A_1\wedge\cdots\wedge A_\alpha\wedge\ldots)$, die erste Ordinalzahl die alle V_α übersteigt, höchstens abzählbar-unendlich.

Zwei wichtige Sätze beweise ich am bequemsten für die Geister der charakteristischen Zahlen 334, 335 und 336 zugleich; deshalb behandle ich diese drei charakteristischen Zahlen 334, 335 und 336 in einem Paragraphen.

Satz 79. Die Formeln der Aussagenlogik eines Geistes der charakteristischen Zahl 334, 335 oder 336 enthalten zusammen eine Zeichenmenge der Mächtigkeit des Kontinuums.

Beweis. Aus den Regeln für die Bildung wohlgebildeter Formeln ergibt sich, dass die Menge der Formeln der Aussagenlogik eines Geistes der charakteristischen Zahl 334 eine Teilmenge der Formeln der Aussagenlogik eines Geistes der charakteristischen Zahl 335 oder 336 ist; also enthält die erste gewiss höchstens $\aleph$ Zeichen, wenn die letzte höchstens $\aleph$ Zeichen enthält. Also darf ich mich damit begnügen den Satz zu beweisen für Geister der charakteristischen Zahl 335.

Ich beweise zuerst, dass die Aussagenlogik der Geister der charakteristischen Zahl 335 $\aleph$ Formeln enthält.

Ich nenne M_α die Menge aller wohlgebildeten Formeln des Verwicklungsgrads $<\alpha$.

Dann beweise ich durch transfinite Induktion nach α, dass die Kardinalzahl von M_α *Kontinuum* ist für jedes α mit $0<\alpha\leqq\Omega$.

1) Der Satz ist richtig für $\alpha=1$.

2) Ich setze voraus, dass bewiesen ist, dass für jedes $\beta<\alpha$ $Ka(M_\beta)=$ $=$ Kontinuum. Dann sind zwei Fälle zu unterscheiden:

1) α ist eine Limeszahl. Dann

$$M_\alpha = \bigcup_{\beta<\alpha} M_\beta,$$

also hat M_α als die Vereinigung von höchstens $\aleph$ Mengen je der Mächtigkeit des Kontinuums die Kardinalzahl *Kontinuum*.

2) α ist eine isolierte Zahl. Dann nenne ich $\alpha=\beta+1$. Dann hat M_β die Kardinalzahl *Kontinuum*. Dann zerfällt M_α in die nachstehenden vier, nicht notwendig disjunkten Klassen:

A) M_β mit Kardinalzahl *Kontinuum*.

B) Die Formeln $E=-F$, wo $F\in M_\beta$. M_β hat $\aleph$ Formeln, also auch die Klasse B.

C) Die Formeln $E=F\wedge G$, $E=F\vee G$ und $F\rightarrow G$, wo $F\in M_\beta$ und $G\in M_\beta$. Die Anzahl der Formeln F ist *Kontinuum*, die Anzahl der Formeln G ist *Kontinuum*, also die Anzahl der Formeln $F\wedge G$, $F\rightarrow G$ oder $F\vee G$ gleich *Kontinuum* $\times$ *Kontinuum* $=$ *Kontinuum*. Also ist die Anzahl der Formeln der Klasse C die Anzahl der Formeln $F\wedge G$, $F\vee G$ und $F\rightarrow G$ gleich $3\times$ *Kontinuum* $=$ *Kontinuum*.

D) Die Formeln $E=F_1\wedge\cdots\wedge F_\delta\wedge\ldots$ und $E=F_1\vee\cdots\vee F_\delta\vee\ldots$, wo $F_1,\ldots,F_\delta,\ldots M_\beta$ angehören. Dann zerfällt D in die Mengen D_γ, wo γ die Ordinalzahl der Folge $F_1,\ldots,F_\delta,\ldots$ ist. Dann hängt jede Formel $E=F_1\wedge\cdots\wedge F_\delta\wedge\ldots$ oder $E=F_1\vee\cdots\vee F_\delta\vee\ldots$ einer bestimmten Menge D_γ ab von den abzählbar-unendlich vielen je $\aleph$ Werte fähigen Parametern $F_1,\ldots,F_\delta,\ldots$. Also ist die Kardinalzahl von D_γ gleich $2\times$ *Kontinuum*$^{\aleph_0}=$ $2\times$ *Kontinuum* $=$ *Kontinuum*. Also hat die Klasse D als die Vereinigung von höchstens $\aleph$ Mengen je der Mächtigkeit des Kontinuums die Mächtigkeit des Kontinuums.

Also hat M_α als die Vereinigung von vier Mengen der Mächtigkeit des Kontinuums die Mächtigkeit des Kontinuums.

Dann hat auch die Menge aller Zeichen aller Formeln als die Vereinigung von $\aleph$ je höchstens abzählbar-unendlichen Mengen die Mächtigkeit des Kontinuums.

Korollar. Die gegebenen Theorien sind möglich für Geister beziehungsweise der charakteristischen Zahlen 334, 335 und 336.

Satz 80. Die Aussagenlogiken der Geister der charakteristischen Zahlen 334, 335 und 336 enthalten Formeln, die (wenigstens für die Geister der charakteristischen Zahlen 334, 335 und 336 selbst) weder eine konjunktive noch eine disjunktive Normalform besitzen.

Beweis. Wie des Satzes 71; denn der Beweis verwendet nur die abzählbar-unendliche Übersichtszahl.

Das übliche Entscheidungsverfahren der endlichen Aussagenlogik mittels der konjunktiven Normalform ist hier also im Allgemeinen nicht möglich.

Das Entscheidungsverfahren mittels der Wahrheitstafel fordert im Allgemeinen die Betrachtung von $\aleph$ Fällen. Ihre gleichzeitige Betrachtung ist also selbstverständlich für Geister der charakteristischen Zahlen 334, 335 oder 336 unmöglich.

Man könnte sich vorstellen, dass der Geist alle Funktionen der Menge der Atome auf „wahr" und „falsch" wohlordnete: $F_1, \ldots, F_\alpha, \ldots$ $(\alpha < \Gamma)$ und eine Teilfolge der Indizes auswählte: $\alpha_1, \ldots, \alpha_\beta, \ldots$ $(\beta < \Theta)$ derart dass

$$\operatorname*{Lim}_{\beta \to \Theta} \alpha_\beta = \Gamma$$

(ich darf voraussetzen dass Γ und Θ beide Limeszahlen sind). Dann setze ich $(F_\alpha : \alpha < \alpha_\beta) = G_\beta$. Ich definiere $P(G_\beta)$ folgendermassen: $P(G_\beta) = W$, wenn die betrachtete Formel wahr ist für alle Fälle in $G_\beta \cdot P(G_\beta) = F$, wenn die betrachtete Formel falsch ist für auch nur einen Fall in G_β. Dann könnte man sich das folgende Entscheidungsverfahren vorstellen:

Der Geist verifiziert zuerst den Wert aller $P(G_\beta)$. Dann betrachtet er alle $P(G_\beta)$ zugleich. Wenn dann $P(G_\beta) = W$ für jedes β, ist auch die ursprüngliche Formel wahr. Wenn $P(G_\beta) = F$ für auch nur ein β, ist auch die ursprüngliche Formel falsch.

Der zweite Schritt fordert die gleichzeitige Betrachtung von $Ka(\Theta)$ Zeichen, der erste Schritt jedesmal von $Ka(\alpha_\beta)$ Zeichen. Damit das Entscheidungsverfahren für einen Geist der charakteristischen Zahl 334, 335 oder 336 möglich wäre, müsste $Ka(\Theta) = \aleph_0$. Aber dann wäre Kontinuum die Summe höchstens abzählbar-unendlich vieler Kardinalzahlen $<$ $< Kontinuum$, was unmöglich ist nach Sierpinski (2), Seite 7.

Also ist auch ein Entscheidungsverfahren der Aussagenlogik mittels (nicht einmal notwendig gleichzeitiger!) Betrachtung der vollständigen Wahrheitstafel für Geister der charakteristischen Zahlen 334, 335 oder 336 schlechterdings unmöglich.

Ob für diese Geister nicht doch noch ein anderes Entscheidungs-verfahren möglich ist, wird durch das Obige nicht entschieden. Die Untersuchung dieser Frage wäre sehr kompliziert. Deshalb unterlasse ich sie.

§ 16. *Geister der charakteristischen Zahlen 342 und 343*

Wir wollen untersuchen, ob für Geister der charakteristischen Zahlen 342 und 343 eine Aussagenlogik möglich ist die umfassender ist als die menschliche und dennoch entscheidbar. Wir sahen, dass die Entscheidung mittels der konjunktiven Normalform in der Aussagenlogik der Geister der charakteristischen Zahl 332 unmöglich ist, weil sie Formeln einer Menge Zeichen der Mächtigkeit des Kontinuums erfordern würde. Uns interessiert also nur der Fall, dass Formeln einer Anzahl Zeichen der Mächtigkeit Kontinuum möglich sind, dass also die Übersichtszahl des Vorstellungsraumes $>$ *Kontinuum* und also die Kardinalzahl $\geqq$ *Kontinuum*.

Die Regeln für die Bildung wohlgebildeter Formeln werden folgender-massen:

1) Die Atome sind wohlgebildete Formeln; es gibt aber weniger als C Atomklassen, wo C die erste Kardinalzahl ist derart dass $2^C >$ *Kontinuum*.

2) Wenn A eine wohlgebildete Formel ist, ist auch $-A$ eine wohl-gebildete Formel.

3) Wenn A und B wohlgebildete Formeln sind, sind auch $A \rightarrow B$, $A \vee B$ und $A \wedge B$ wohlgebildete Formeln.

4) Wenn $A_1, ..., A_\alpha, ...$ eine endliche, unendliche oder transfinite Folge (aber mit Mächtigkeit $\leqq$ *Kontinuum*) wohlgebildeter Formeln ist, deren Verwicklungsgrad eine endliche Obergrenze hat, sind auch $A_1 \wedge \cdots \wedge A_\alpha \wedge ...$ und $A_1 \vee \cdots \vee A_\alpha \vee ...$ wohlgebildete Formeln.

5) Keine Formel ist eine wohlgebildete Formel, es sei denn auf Grund der Regeln 1–4.

Durch Rekurrenz beweise ich, dass man nur Formeln einer Anzahl Zeichen $\leqq$ *Kontinuum* enthält.

1) Die Atome enthalten nur ein Zeichen, und also gewiss eine Anzahl Zeichen $\leqq$ *Kontinuum*.

2) Ich setze voraus, dass A eine Anzahl Zeichen $\leqq \aleph$ enthält. Dann enthält $-A$ ausser den Zeichen von A höchstens 3 Zeichen: das Zeichen „$-$" und die Klammern vor und hinter A, also enthält $-A$ im Ganzen auch höchstens $\aleph$ Zeichen.

3) Ich setze voraus, dass A und B je eine Anzahl Zeichen $\leqq$ *Kontinuum*

enthalten. Dann enthalten $A \vee B$, $A \wedge B$ und $A \rightarrow B$ ausser den Zeichen von A und B höchstens 5 Zeichen: die Klammern vor und hinter A und B und das Zeichen $\vee$, $\wedge$ oder $\rightarrow$, also zusammen höchstens $\aleph$ Zeichen.

4) Ich setze voraus, dass $A_1, \ldots, A_\alpha, \ldots$ je höchstens $\aleph$ Zeichen enthalten. Dann enthalten die Formeln $A_1 \vee \cdots \vee A_\alpha \vee \ldots$ und $A_1 \wedge \cdots \wedge A_\alpha \wedge \ldots$ höchstens die nachstehenden Zeichen:

a) Die Zeichen der Formeln $A_1, \ldots, A_\alpha, \ldots$, also höchstens $\aleph$ Formeln je von höchstens $\aleph$ Zeichen. Also höchstens $\aleph$ Zeichen.

b) Die $\vee$ oder $\wedge$. Jedes $\vee$ oder $\wedge$ hat ein unmittelbar vorhergehendes A_α. Also kann die Anzahl der $\vee$ oder $\wedge$ niemals grösser sein als die Anzahl der A_α, also auch $\leq \aleph$.

c) Die Klammern vor und hinter den A_α. Zu jedem A_α können höchstens zwei Klammern gehören, also zu allen A_α zusammen höchstens $2 \times$ die Anzahl der A_α, also $2 \times \aleph$, also höchstens $\aleph$.

Also hat die Menge der Zeichen von $A_1 \vee \cdots \vee A_\alpha \vee \ldots$ oder $A_1 \wedge \cdots \wedge A_\alpha \wedge \ldots$ als die Vereinigung von drei Mengen mit Kardinalzahl $\leq \aleph$ höchstens $\aleph$ Zeichen.

Man kann eine Formel aus der Aussagenlogik immer entscheiden mittels einer Tafel, wo man die Wahrheit oder Unwahrheit notiert für jede Prädizierung der Atomklassen mit „Wahr" oder „Falsch". Ich nenne die Anzahl der Atomklassen in der Formel K. Dann ist die Anzahl der Kombinationen der Prädizierungen mit „Wahr" oder „Falsch" 2^K. Der Geist muss all diese Kombinationen zugleich wahrnehmen können, also $2^K \leq \textit{Kontinuum}$. Deshalb ist die Nebenbedingung der ersten Regel notwendig.

Die Nebenbedingung der vierten Regel ist notwendig aus demselben Grund wie Seite 15. Die Anwendung dieser Nebenbedingung fordert die gleichzeitige Betrachtung aller Unterformeln. Die Unterformeln eines bestimmten Verwicklungsgrades haben zusammen höchstens soviel Zeichen wie die vollständige Formel, also höchstens eine Mächtigkeit Kontinuum. Also hat die Menge aller Zeichen aller Unterformeln (jedes Zeichen wird in jeder Unterformel in der es auftritt einmal gezählt) als die Vereinigung endlich vieler Mengen je der Mächtigkeit $\leq \textit{Kontinuum}$ höchstens die Mächtigkeit des Kontinuums. Also ist sie zulässig für einen Geist der charakteristischen Zahl 342 und Übersichtszahl $> \textit{Kontinuum}$.

Definition: Ich nenne eine konjunktive Normalform *zulässig*, wenn sie die Konjunktion einer Menge von Formeln der Kardinalzahl $\leq \textit{Konti-}$

nuum ist, die je die Disjunktion einer Anzahl $< C$ von Formeln sind, die je ein Atom oder ein Atom mit Negation sind.

Ebenso nenne ich eine disjunktive Normalform zulässig, wenn sie die Disjunktion einer Anzahl von Formeln $\leq$ *Kontinuum* ist, die je die Konjunktion einer Anzahl $< C$ von Formeln sind, die je ein Atom oder ein Atom mit Negation sind.

Die Axiome sind die bekannten Axiome der endlichen Aussagenlogik:

1) $(p \vee p) \to p$
2) $p \to (p \vee q)$
3) $(p \vee q) \to (q \vee p)$
4) $(p \to q) \to ((r \vee p) \to (r \vee q))$

nebst zwei neuen:

5) (Axiomschem):

$$\bigcap_{\beta_1} \cdots \bigcap_{\beta_\alpha} \cdots (B_{1,\beta_1} \vee \cdots \vee B_{\alpha,\beta_\alpha} \vee \dots) \to \bigcup_\alpha \bigcap_\beta B_{\alpha,\beta}$$

6) (Axiomschem):

$$\bigcap_\alpha \bigcup_\beta B_{\alpha,\beta} \to \bigcup_{\beta_1} \cdots \bigcup_{\beta_\alpha} \cdots (B_{1,\beta_1} \wedge \cdots \wedge B_{\alpha,\beta_\alpha} \wedge \dots).$$

Die Deduktionsregeln sind:

I)   Wenn $\perp P$ und $\perp P \to Q$, auch $\perp Q$ (Modus Ponens).

II) Wenn $\perp P$, auch $\perp U/A \cdot P$ (Substitutionsregel).

III) Wenn $\perp B \to A_\alpha$ für jedes α aus einer Folge, $\perp B \to (A_1 \wedge \cdots \wedge A_\alpha \wedge \dots)$ (Vereinigungsregel).

IV) Wenn $\perp A_\alpha \to B$ für jedes α aus einer Folge, $\perp (A_1 \vee \cdots \vee A_\alpha \vee \dots) \to \; \to B$ (Disjunktionsregel).

Satz 79.

$$-(A_1 \vee \cdots \vee A_\alpha \vee \dots) \to (-A_1 \wedge \cdots \wedge -A_\alpha \wedge \dots)$$

Beweis.

$$-(B \vee A_\alpha \vee C) \to -A_\alpha \quad \text{(endliche Aussagenlogik)}$$

$$-(A_1 \vee \cdots \vee A_\alpha \vee \dots) \to -A_\alpha \quad \text{(Substitution)}$$

$$-(A_1 \vee \cdots \vee A_\alpha \vee \dots) \to (-A_1 \wedge \cdots \wedge -A_\alpha \wedge \dots)$$
$$\text{(Vereinigungsregel).}$$

Satz 80.

$$(-A_1 \wedge \cdots \wedge -A_\alpha \wedge \dots) \to -(A_1 \vee \cdots \vee A_\alpha \vee \dots)$$

Beweis. Für jedes α gilt

$$A_\alpha \to -(B \wedge - A_\alpha \wedge C) \quad \text{(endliche Aussagenlogik)}$$

$$A_\alpha \to -(- A_1 \wedge \cdots \wedge - A_\alpha \wedge \ldots) \quad \text{(Substitution)}$$

$$(A_1 \vee \cdots \vee A_\alpha \vee \ldots) \to -(- A_1 \wedge \cdots \wedge - A_\alpha \wedge \ldots)$$
$$\text{(Disjunktionsregel)}$$

$$(B \to - C) \to (C \to - B) \quad \text{(endliche Aussagenlogik)}$$

$$((A_1 \vee \cdots \vee A_\alpha \vee \ldots) \to -(- A_1 \wedge \cdots \wedge - A_\alpha \wedge \ldots)) \to$$

$$((- A_1 \wedge \cdots \wedge - A_\alpha \wedge \ldots) \to -(A_1 \vee \cdots \vee A_\alpha \vee \ldots))$$
$$\text{(Substitution)}$$

$$\frac{(A_1 \vee \cdots \vee A_\alpha \vee \ldots) \to -(- A_1 \wedge \cdots \wedge - A_\alpha \wedge \ldots)}{(- A_1 \wedge \cdots \wedge - A_\alpha \wedge \ldots) \to -(A_1 \vee \cdots \vee A_\alpha \vee \ldots)} \quad \text{(Modus Ponens)}.$$

Satz 81.

$$-(A_1 \wedge \cdots \wedge A_\alpha \wedge \ldots) \to (- A_1 \vee \cdots \vee - A_\alpha \vee \ldots)$$

Beweis. Für jedes α gilt

$$-(B \vee - A_\alpha \vee C) \to A_\alpha \quad \text{(endliche Aussagenlogik)}$$

$$-(- A_1 \vee \cdots \vee - A_\alpha \vee \ldots) \to A_\alpha \quad \text{(Substitution)}$$

$$-(- A_1 \vee \cdots \vee - A_\alpha \vee \ldots) \to (A_1 \wedge \cdots \wedge A_\alpha \wedge \ldots)$$
$$\text{(Vereinigungsregel)}$$

$$(- B \to C) \to (- C \to B) \quad \text{(endliche Aussagenlogik)}$$

$$(-(- A_1 \vee \cdots \vee - A_\alpha \vee \ldots) \to (A_1 \wedge \cdots \wedge A_\alpha \wedge \ldots)) \to$$

$$(-(A_1 \wedge \cdots \wedge A_\alpha \wedge \ldots) \to (- A_1 \vee \cdots \vee - A_\alpha \vee \ldots)) \quad \text{(Substitution)}$$

$$\frac{-(- A_1 \vee \cdots \vee - A_\alpha \vee \ldots) \to (A_1 \wedge \cdots \wedge A_\alpha \wedge \ldots)}{-(A_1 \wedge \cdots \wedge A_\alpha \wedge \ldots) \to (- A_1 \vee \cdots \vee - A_\alpha \vee \ldots)} \quad \text{(Modus Ponens)}.$$

Satz 82.

$$(- A_1 \vee \cdots \vee - A_\alpha \vee \ldots) \to -(A_1 \wedge \cdots \wedge A_\alpha \wedge \ldots).$$

Beweis. Für jedes α gilt

$$- A_\alpha \to -(B \wedge A_\alpha \wedge C) \quad \text{(endliche Aussagenlogik)}$$

$$- A_\alpha \to -(A_1 \wedge \cdots \wedge A_\alpha \wedge \ldots) \quad \text{(Substitution)}$$

$$(- A_1 \vee \cdots \vee - A_\alpha \vee \ldots) \to -(A_1 \wedge \cdots \wedge A_\alpha \wedge \ldots)$$
$$\text{(Disjunktionsregel)}.$$

Satz 83. Das allgemeine Substitutionsprinzip: Wenn $\perp P \leftrightarrow Q$, dann $\perp P/a \cdot U \leftrightarrow Q/a \cdot U$ gilt auch für die Aussagenlogik der Geister der charakteristischen Zahl 342.

Beweis. Durch Rekurrenz am Stammbaum entlang.

Ich muss also beweisen:

1) Der Satz ist richtig, wenn U ein Atom ist;

2) Wenn $P/a \cdot U \leftrightarrow Q/a \cdot U$, $P/a \cdot (-U) \leftrightarrow Q/a \cdot (-U)$;

3) Wenn $P/a \cdot V \leftrightarrow Q/a \cdot V$ und $P/a \cdot W \leftrightarrow Q/a \cdot W$, $P/a \cdot U \leftrightarrow Q/a \cdot U$, wenn $U = V \to W$, $U = V \vee W$ oder $U = V \wedge W$;

4) Wenn $P/a \cdot V_\alpha \leftrightarrow Q/a \cdot V_\alpha$ für jedes α, wofür $1 \leq \alpha < \Gamma$ und $U = V_1 \wedge \cdots V_\alpha \wedge ...$, $P/a \cdot U \leftrightarrow Q/a \cdot U$;

5) Wenn $P/a \cdot V_\alpha \leftrightarrow Q/a \cdot V_\alpha$ für jedes α wofür $1 \leq \alpha < \Gamma$ und $U = V_1 \vee \cdots \vee V_\alpha \vee ...$, $P/a \cdot U \leftrightarrow Q/a \cdot U$.

Die Beweise von 1–3 sind wie in der endlichen Aussagenlogik.

4) $P/a \cdot U = P/a \cdot V_1 \wedge \cdots \wedge P/a \cdot V_\alpha \wedge ...$

$Q/a \cdot U = Q/a \cdot V_1 \wedge \cdots \wedge Q/a \cdot V_\alpha \wedge ...$

$(P/a \cdot V_\alpha \leftrightarrow Q/a \cdot V_\alpha) \to ((A \wedge P/a \cdot V_\alpha \wedge B) \to Q/a \cdot V_\alpha)$

(Substitution in der endlichen Aussagenlogik):

$$\frac{P/a \cdot V_\alpha \leftrightarrow Q/a \cdot V_\alpha}{}$$

$(A \wedge P/a \cdot V_\alpha \wedge B) \to Q/a \cdot V_\alpha$ (Modus Ponens)

$(P/a \cdot V_1 \wedge \cdots \wedge P/a \cdot V_\alpha \wedge \cdots) \to Q/a \cdot V_\alpha$ (Substitution)

$P/a \cdot U \to Q/a \cdot V_\alpha$

Dies gilt für jedes α, wofür $1 \leq \alpha < \Gamma$

$P/a \cdot U \to (Q/a \cdot V_1 \wedge \cdots \wedge Q/a \cdot V_\alpha \wedge ...)$ (Vereinigungsregel)

$P/a \cdot U \to Q/a \cdot U$.

Auf dieselbe Weise beweise ich, dass $Q/a \cdot U \to P/a \cdot U$

Also $P/a \cdot U \leftrightarrow Q/a \cdot U$

5) $(P/a \cdot V_\alpha \leftrightarrow Q/a \cdot V_\alpha) \to (P/a \cdot V_\alpha \to (A \vee Q/a \cdot V_\alpha \vee B))$

(Substitution in der endlichen Aussagenlogik)

$$\frac{P/a \cdot V_\alpha \leftrightarrow Q/a \cdot V_\alpha}{}$$

$P/a \cdot V_\alpha \to (A \vee Q/a \cdot V_\alpha \vee B)$ (Modus Ponens)

$P/a \cdot V_\alpha \to (Q/a \cdot V_1 \vee \cdots \vee Q/a \cdot V_\alpha \vee ...)$

$P/a \cdot V_\alpha \to Q/a \cdot U$.

Dies gilt für jedes α mit $1 \leq \alpha < \Gamma$

$(P/a \cdot V_1 \vee \cdots \vee P/a \cdot V_\alpha \vee ...) \to Q/a \cdot U$ (Disjunktionsregel)

$P/a \cdot U \to Q/a \cdot U$.

Auf dieselbe Weise beweise ich, dass $Q/a \cdot U \to P/a \cdot U$. Also $P/a \cdot U \leftrightarrow Q/a \cdot U$

Satz 84.

$$\left(A \vee \bigcap_\alpha B_\alpha\right) \to \bigcap_\alpha (A \vee B_\alpha)$$

Beweis.

$$(C \wedge B_\beta \wedge D) \to B_\beta \quad \text{(endliche Aussagenlogik)}$$

$$(B_1 \wedge \cdots \wedge B_\beta \wedge \ldots) \to B_\beta \quad \text{(Substitution) oder}$$

$$\bigcap_\alpha B_\alpha \to B_\beta$$

$$(E \to B_\beta) \to ((A \vee E) \to (A \vee B_\beta)) \quad \text{(endliche Aussagenlogik)}$$

$$\left(\bigcap_\alpha B_\alpha \to B_\beta\right) \to ((A \vee \bigcap_\alpha B_\alpha) \to (A \vee B_\beta)) \quad \text{(Substitution)}$$

$$\bigcap_\alpha B_\alpha \to B_\beta$$

$$(A \vee \bigcap_\alpha B_\alpha) \to (A \vee B_\beta) \quad \text{(Modus Ponens)}.$$

Dies gilt für jedes β, also

$$(A \vee \bigcap_\alpha B_\alpha) \to \bigcap_\alpha (A \vee B_\alpha) \quad \text{(Vereinigungsregel)}$$

Satz 85.

$$\bigcap_\alpha (A \vee B_\alpha) \to (A \vee \bigcap_\alpha B_\alpha)$$

Beweis.

$$(- A \wedge C \wedge (A \vee B_\beta) \wedge D) \to B_\beta \quad \text{(endliche Aussagenlogik)}$$

$$(- A \wedge (A \vee B_1) \wedge \cdots \wedge (A \vee B_\beta) \wedge \ldots) \to B_\beta \quad \text{(Substitution)}$$

Dies gilt für jedes β, also

$$(- A \wedge ((A \vee B_1) \wedge \cdots \wedge (A \vee B_\beta) \wedge \ldots)) \to (B_1 \wedge \cdots \wedge B_\beta \wedge \ldots)$$
$$\text{(Vereinigungsregel)}$$

$$((- A \wedge C) \to D) \to (C \to (A \vee D)) \quad \text{(endliche Aussagenlogik)}$$

$$((- A \wedge ((A \vee B_1) \wedge \cdots \wedge (A \vee B_\beta) \wedge \ldots)) \to (B_1 \wedge \cdots \wedge B_\beta \wedge \ldots)) \to$$

$$((((A \vee B_1) \wedge \cdots \wedge (A \vee B_\beta) \wedge \ldots) \to (A \vee (B_1 \wedge \cdots \wedge B_\beta \wedge \ldots)))$$
$$\text{(Substitution)}$$

$$(- A \wedge ((A \vee B_1) \wedge \cdots \wedge (A \vee B_\beta) \wedge \ldots)) \to (B_1 \wedge \cdots \wedge B_\beta \wedge \ldots)$$

$$((A \vee B_1) \wedge \cdots \wedge (A \vee B_\beta) \wedge \ldots) \to (A \vee (B_1 \wedge \cdots \wedge B_\beta \wedge \ldots))$$
$$\text{(Modus Ponens)}.$$

Satz 86.

$$(A \wedge \bigcup_\alpha B_\alpha) \to \bigcup_\alpha (A \wedge B_\alpha).$$

Beweis.

$$B_\beta \rightarrow (- A \vee C \vee (A \wedge B_\beta) \vee D) \quad \text{(endliche Aussagenlogik)}$$
$$B_\beta \rightarrow (- A \vee (A \wedge B_1) \vee \cdots \vee (A \wedge B_\beta) \vee \ldots) \quad \text{(Substitution)}.$$

Dies gilt für jedes β. Also

$$\bigcup_\alpha B_\alpha \rightarrow (- A \vee (A \wedge B_1) \vee \cdots \vee (A \wedge B_\beta) \vee \ldots) \quad \text{(Disjunktionsregel)}$$

$$(C \rightarrow (- A \vee D)) \rightarrow ((A \wedge C) \rightarrow D) \quad \text{(endliche Aussagenlogik)}$$
$$(\bigcup_\alpha B_\alpha \rightarrow (- A \vee ((A \wedge B_1) \vee \cdots \vee (A \wedge B_\beta) \vee \ldots))) \rightarrow$$

$$((A \wedge \bigcup_\alpha B_\alpha) \rightarrow ((A \wedge B_1) \vee \cdots \vee (A \wedge B_\beta) \vee \ldots)) \quad \text{(Substitution)}$$

$$\bigcup_\alpha B_\alpha \rightarrow (- A \vee ((A \wedge B_1) \vee \cdots \vee (A \wedge B_\beta) \vee \ldots))$$

$$(A \wedge \bigcup_\alpha B_\alpha) \rightarrow ((A \wedge B_1) \vee \cdots \vee (A \wedge B_\beta) \vee \ldots) \quad \text{(Modus Ponens)}.$$

Satz 87.

$$\bigcup_\alpha (A \wedge B_\alpha) \rightarrow (A \wedge \bigcup_\alpha B_\alpha).$$

Beweis.

$$B_\beta \rightarrow (C \vee B_\beta \vee D) \quad \text{(endliche Aussagenlogik)}$$
$$B_\beta \rightarrow (B_1 \vee \cdots \vee B_\beta \vee \ldots) \quad \text{(Substitution)}$$
$$(B_\beta \rightarrow C) \rightarrow ((A \wedge B_\beta) \rightarrow (A \wedge C)) \quad \text{(endliche Aussagenlogik)}$$
$$(B_\beta \rightarrow \bigcup_\alpha B_\alpha) \rightarrow ((A \wedge B_\beta) \rightarrow (A \wedge \bigcup_\alpha B_\alpha)) \quad \text{(Substitution)}$$
$$B_\beta \rightarrow \bigcup_\alpha B_\alpha$$

$$(A \wedge B_\beta) \rightarrow (A \wedge \bigcup_\alpha B_\alpha) \quad \text{(Modus Ponens)}.$$

Dies gilt für jedes β, also

$$\bigcup_\alpha (A \wedge B_\alpha) \rightarrow (A \wedge \bigcup_\alpha B_\alpha) \quad \text{(Disjunktionsregel)}.$$

Satz 88.

$$(A_1 \vee \cdots \vee A_\alpha \vee \ldots) \rightarrow (B_1 \vee \cdots \vee B_\alpha \vee \ldots),$$

wenn es zu jedem A_α ein äquiformes B_β gibt.

Beweis. Für jedes α gibt es ein β derart dass $A_\alpha = B_\beta$.

$$- A_\alpha \vee D \vee B_\beta \vee E \quad \text{(endliche Aussagenlogik)}$$

$$- A_\alpha \vee \bigcup_\beta B_\beta \quad \text{(Substitution)}$$

$$(C \vee - C) \to (- A_\alpha \vee \bigcup_\beta B_\beta)$$

Dies gilt für jedes α. Also

$$(C \vee - C) \to \bigcap_\alpha (- A_\alpha \vee \bigcup_\beta B_\beta) \quad \text{(Vereinigungsregel)}$$

$$C \vee - C$$

$$\bigcap_\alpha (- A_\alpha \vee \bigcup_\beta B_\beta) \quad \text{(Modus Ponens)}$$

$$\bigcap_\alpha (- A_\alpha \vee \bigcup_\beta B_\beta) \to \left(\bigcap_\alpha - A_\alpha \vee \bigcup_\beta B_\beta \right) \quad \text{(Substitution in Satz 85)}$$

$$\bigcap_\alpha - A_\alpha \vee \bigcup_\beta B_\beta$$

$$\left(\bigcap_\alpha - A_\alpha \right) \leftrightarrow - \bigcup_\alpha A_\alpha \quad \text{(Sätze 79 und 80)}$$

$$\left(\bigcap_\alpha - A_\alpha \vee \bigcup_\beta B_\beta \right) \to (- \bigcup_\alpha A_\alpha \vee \bigcup_\beta B_\beta) \quad \text{(Satz 83)}$$

$$\bigcap_\alpha - A_\alpha \vee \bigcup_\beta B_\beta$$

$$- \bigcup_\alpha A_\alpha \vee \bigcup_\beta B_\beta$$

Hieraus erhalte ich durch die bekannte Substitution:

$$\bigcup_\alpha A_\alpha \to \bigcup_\beta B_\beta$$

Satz 89.

$$\bigcap_\alpha A_\alpha \to \bigcap_\beta B_\beta,$$

wenn es zu jedem B_β ein äquiformes A_α gibt.

Beweis. Für jedes β gibt es ein α derart dass $A_\alpha = B_\beta$. Dann

$$D \vee - A_\alpha \vee E \vee B_\beta \quad \text{(endliche Aussagenlogik)}$$

$$\left(\bigcup_\alpha - A_\alpha \right) \vee B_\beta \quad \text{(Substitution)}$$

$$(C \vee - C) \to \left(\left(\bigcup_\alpha - A_\alpha \right) \vee B_\beta \right)$$

Dies gilt für jedes β. Also

$$(C \vee - C) \to \bigcap_{\beta}\left(\left(\bigcup_{\alpha} - A_{\alpha}\right) \vee B_{\beta}\right) \quad \text{(Vereinigungsregel)}$$

$$C \vee - C$$

$$\overline{\qquad\qquad\qquad\qquad\qquad\qquad}$$

$$\bigcap_{\beta}\left(\left(\bigcup_{\alpha} - A_{\alpha}\right) \vee B_{\beta}\right) \quad \text{(Modus Ponens)}$$

$$\bigcap_{\beta}\left(\left(\bigcup_{\alpha} - A_{\alpha}\right) \vee B_{\beta}\right) \to \left(\left(\bigcup_{\alpha} - A_{\alpha}\right) \vee \cdot \bigcap_{\beta} B_{\beta}\right) \quad \text{(Substitution in Satz 85)}$$

$$\overline{\qquad\qquad\qquad\qquad\qquad\qquad}$$

$$\left(\bigcup_{\alpha} - A_{\alpha}\right) \vee \bigcap_{\beta} B_{\beta} \quad \text{(Modus Ponens)}$$

$$\left(\bigcup_{\alpha} - A_{\alpha}\right) \leftrightarrow - \bigcap_{\alpha} A_{\alpha} \quad \text{(Sätze 81 und 82)}$$

$$\left(\left(\bigcup_{\alpha} - A_{\alpha}\right) \vee \bigcap_{\beta} B_{\beta}\right) \to \left(- \bigcap_{\alpha} A_{\alpha} \vee \bigcap_{\beta} B_{\beta}\right) \quad \text{(Satz 83)}$$

$$\overline{\qquad\qquad\qquad\qquad\qquad\qquad}$$

$$- \bigcap_{\alpha} A_{\alpha} \vee \bigcap_{\beta} B_{\beta} \quad \text{(Modus Ponens).}$$

Hieraus erhalte ich durch die bekannte Substitution:

$$\bigcap_{\alpha} A_{\alpha} \to \bigcap_{\beta} B_{\beta}$$

Satz 90.

$$\bigcup_{\alpha} \bigcap_{\beta} B_{\alpha, \beta} \leftrightarrow \bigcap_{\beta_1} \cdots \bigcap_{\beta_\alpha} \cdots (B_{1, \beta_1} \vee \cdots \vee B_{\alpha, \beta_\alpha} \vee \ldots)$$

Beweis.

$$(D \wedge B_{\alpha, \beta_\alpha} \wedge E) \to (F \vee B_{\alpha, \beta_\alpha} \vee G) \quad \text{(endliche Aussagenlogik)}$$

$$(B_{\alpha, 1} \wedge \cdots \wedge B_{\alpha, \beta_\alpha} \wedge \ldots) \to (B_{1, \beta_1} \vee \cdots \vee B_{\alpha, \beta_\alpha} \vee \ldots) \quad \text{(Substitution).}$$

Dies gilt für jedes α. Also

$$\bigcup_{\alpha} \bigcap_{\beta} B_{\alpha, \beta} \to (B_{1, \beta_1} \vee \cdots \vee B_{\alpha, \beta_\alpha} \vee \ldots) \quad \text{(Disjunktionsregel).}$$

Dies gilt für jede Wahl von $\beta_1, \ldots, \beta_\alpha, \ldots$. Also

$$\bigcup_{\alpha} \bigcap_{\beta} B_{\alpha, \beta} \to \bigcap_{\beta_1} \cdots \bigcap_{\beta_\alpha} \cdots (B_{1, \beta_1} \vee \cdots \vee B_{\alpha, \beta_\alpha} \vee \ldots) \quad \text{(Vereinigungsregel)}$$

$$\bigcap_{\beta_1} \cdots \bigcap_{\beta_\alpha} \cdots (B_{1, \beta_1} \vee \cdots \vee B_{\alpha, \beta_\alpha} \vee \ldots) \to \bigcup_{\alpha} \bigcap_{\beta} B_{\alpha, \beta} \quad \text{(Axiom 5)}$$

$$\bigcup_{\alpha} \bigcap_{\beta} B_{\alpha, \beta} \leftrightarrow \bigcap_{\beta_1} \cdots \bigcap_{\beta_\alpha} \cdots (B_{1, \beta_1} \vee \cdots \vee B_{\alpha, \beta_\alpha} \vee \ldots)$$

Satz 91.

$$\bigcap_\alpha \bigcup_\beta B_{\alpha,\beta} \leftrightarrow \bigcup_{\beta_1} \cdots \bigcup_{\beta_\alpha} \dots (B_{1,\beta_1} \wedge \cdots \wedge B_{\alpha,\beta_\alpha} \wedge \dots)$$

Beweis.

$$(D \wedge B_{\alpha,\beta_\alpha} \wedge E) \to (F \vee B_{\alpha,\beta_\alpha} \vee G) \quad \text{(endliche Aussagenlogik)}$$

$$(B_{1,\beta_1} \wedge \cdots \wedge B_{\alpha,\beta_\alpha} \wedge \dots) \to \bigcup_\beta B_{\alpha,\beta} \quad \text{(Substitution)}.$$

Dies gilt für jedes α, also

$$(B_{1,\beta_1} \wedge \cdots \wedge B_{\alpha,\beta_\alpha} \wedge \dots) \to \bigcap_\alpha \bigcup_\beta B_{\alpha,\beta} \quad \text{(Vereinigungsregel)}.$$

Dies gilt für jede Wahl der Indexen $\beta_1, \dots, \beta_\alpha, \dots$. Also

$$\bigcup_{\beta_1} \cdots \bigcup_{\beta_\alpha} \dots (B_{1,\beta_1} \wedge \cdots \wedge B_{\alpha,\beta_\alpha} \wedge \dots) \to \bigcap_\alpha \bigcup_\beta B_{\alpha,\beta} \quad \text{(Disjunktionsregel)}$$

$$\bigcap_\alpha \bigcup_\beta B_{\alpha,\beta} \to \bigcup_{\beta_1} \cdots \bigcup_{\beta_\alpha} \dots (B_{1,\beta_1} \wedge \cdots \wedge B_{\alpha,\beta_\alpha} \wedge \dots) \quad \text{(Axiom 6)}$$

$$\bigcap_\alpha \bigcup_\beta B_{\alpha,\beta} \leftrightarrow \bigcup_{\beta_1} \cdots \bigcup_{\beta_\alpha} \dots (B_{1,\beta_1} \wedge \cdots \wedge B_{\alpha,\beta_\alpha} \wedge \dots).$$

Satz 92. Jede Formel ist ebensowohl einer zulässigen konjunktiven wie einer zulässigen disjunktiven Normalform äquivalent.

Beweis. Durch Rekurrenz am Stammbaum entlang.

1) Der Satz ist richtig für die Atome, denn diese sind selber ebensowohl zulässige konjunktive wie zulässige disjunktive Normalformen.

2) Ich setze voraus, dass

$$A \leftrightarrow \bigcup_\alpha \bigcap_\beta A_{\alpha,\beta}$$

und

$$A \leftrightarrow \bigcap_\alpha \bigcup_\beta B_{\alpha,\beta},$$

wo

$$\bigcup_\alpha \bigcap_\beta A_{\alpha,\beta}$$

und

$$\bigcap_\alpha \bigcup_\beta B_{\alpha,\beta}$$

zulässige disjunktive, bzw. konjunktive Normalformen sind. Dann

$$- \bigcap_{\beta} A_{\alpha,\beta} \leftrightarrow \bigcup_{\beta} - A_{\alpha,\beta} \quad \text{(Sätze 81 und 82)}$$

$$\bigcap_{\alpha} - \bigcap_{\beta} A_{\alpha,\beta} \leftrightarrow \bigcap_{\alpha} \bigcup_{\beta} - A_{\alpha,\beta} \quad \text{(Satz 83)}$$

$$(C \leftrightarrow D) \to ((D \leftrightarrow E) \to ((E \leftrightarrow F) \to (C \leftrightarrow F))) \quad \text{(endliche Aussagenlogik)}$$

$$(- A \leftrightarrow - \bigcup_{\alpha} \bigcap_{\beta} A_{\alpha,\beta}) \to$$

$$\left[\begin{array}{l} ((- \bigcup_{\alpha} \bigcap_{\beta} A_{\alpha,\beta}) \leftrightarrow \bigcap_{\alpha} - \bigcap_{\beta} A_{\alpha,\beta}) \to \\ ((\bigcap_{\alpha} - \bigcap_{\beta} A_{\alpha,\beta} \leftrightarrow \bigcap_{\alpha} \bigcup_{\beta} - A_{\alpha,\beta}) \to \\ (- A \leftrightarrow \bigcap_{\alpha} \bigcup_{\beta} - A_{\alpha,\beta})) \end{array} \right] \quad \text{(Substitution)}$$

$$- A \leftrightarrow - \bigcup_{\alpha} \bigcap_{\beta} A_{\alpha,\beta} \quad \text{(Satz 83)}$$

$$((- \bigcup_{\alpha} \bigcap_{\beta} A_{\alpha,\beta}) \leftrightarrow \bigcap_{\alpha} - \bigcap_{\beta} A_{\alpha,\beta}) \to$$

$$((\bigcap_{\alpha} - \bigcap_{\beta} A_{\alpha,\beta} \leftrightarrow \bigcap_{\alpha} \bigcup_{\beta} - A_{\alpha,\beta}) \to (- A \leftrightarrow \bigcap_{\alpha} \bigcup_{\beta} - A_{\alpha,\beta}))$$

$$\text{(Modus Ponens)}$$

$$(- \bigcup_{\alpha} \bigcap_{\beta} A_{\alpha,\beta}) \leftrightarrow \bigcap_{\alpha} - \bigcap_{\beta} A_{\alpha,\beta} \quad \text{(Sätze 79 und 80)}$$

$$\left(\bigcap_{\alpha} - \bigcap_{\beta} A_{\alpha,\beta} \leftrightarrow \bigcap_{\alpha} \bigcup_{\beta} - A_{\alpha,\beta}\right) \to (- A \leftrightarrow \bigcap_{\alpha} \bigcup_{\beta} - A_{\alpha,\beta}) \quad \text{(Modus Ponens)}$$

$$\bigcap_{\alpha} - \bigcap_{\beta} A_{\alpha,\beta} \leftrightarrow \bigcap_{\alpha} \bigcup_{\beta} - A_{\alpha,\beta}$$

$$- A \leftrightarrow \bigcap_{\alpha} \bigcup_{\beta} - A_{\alpha,\beta} \quad \text{(Modus Ponens)}.$$

Also ist $- A$ einer zulässigen konjunktiven Normalform äquivalent.

$$- \bigcup_{\beta} B_{\alpha,\beta} \leftrightarrow \bigcap_{\beta} - B_{\alpha,\beta} \quad \text{(Sätze 79 und 80)}.$$

$$\bigcup_{\alpha} - \bigcup_{\beta} B_{\alpha,\beta} \leftrightarrow \bigcup_{\alpha} \bigcap_{\beta} - B_{\alpha,\beta} \quad \text{(Satz 83)}$$

$$(C \leftrightarrow D) \to ((D \to E) \to ((E \leftrightarrow F) \to (C \to F))) \quad \text{(endliche Aussagenlogik)}$$

$$(- A \leftrightarrow - \bigcap_{\alpha} \bigcup_{\beta} B_{\alpha,\beta}) \to$$

$$\left[\left(\left(-\bigcap_\alpha\bigcup_\beta B_{\alpha,\beta}\right) \leftrightarrow \bigcup_\alpha - \bigcup_\beta B_{\alpha,\beta}\right) \to \right.$$
$$\left.\left(\left(\bigcup_\alpha - \bigcup_\beta B_{\alpha,\beta} \leftrightarrow \bigcup_\alpha\bigcap_\beta - B_{\alpha,\beta}\right) \to \left(- A \leftrightarrow \bigcup_\alpha\bigcap_\beta - B_{\alpha,\beta}\right)\right)\right]$$

(Substitution)

$$- A \leftrightarrow \left(-\bigcap_\alpha\bigcup_\beta B_{\alpha,\beta}\right) \quad \text{(Satz 83)}$$

$$\left(-\bigcap_\alpha\bigcup_\beta B_{\alpha,\beta} \leftrightarrow \bigcup_\alpha - \bigcup_\beta B_{\alpha,\beta}\right) \to$$
$$\left(\left(\bigcup_\alpha - \bigcup_\beta B_{\alpha,\beta} \leftrightarrow \bigcup_\alpha\bigcap_\beta - B_{\alpha,\beta}\right) \to \left(- A \leftrightarrow \bigcup_\alpha\bigcap_\beta - B_{\alpha,\beta}\right)\right)$$

(Modus Ponens)

$$- \bigcap_\alpha\bigcup_\beta B_{\alpha,\beta} \leftrightarrow \bigcup_\alpha - \bigcup_\beta B_{\alpha,\beta} \quad \text{(Sätze 81 und 82)}$$

$$\left(\bigcup_\alpha - \bigcup_\beta B_{\alpha,\beta} \leftrightarrow \bigcup_\alpha\bigcap_\beta - B_{\alpha,\beta}\right) \to \left(- A \leftrightarrow \bigcup_\alpha\bigcap_\beta - B_{\alpha,\beta}\right)$$

(Modus Ponens)

$$\bigcup_\alpha - \bigcup_\beta B_{\alpha,\beta} \leftrightarrow \bigcup_\alpha\bigcap_\beta - B_{\alpha,\beta}$$

$$- A \leftrightarrow \bigcup_\alpha\bigcap_\beta - B_{\alpha,\beta} \quad \text{(Modus Ponens)}.$$

Also ist $-A$ einer zulässigen disjunktiven Normalform äquivalent.

3) Die $\to$ kann man aus den Formeln eliminieren mittels der bekannten Substitution: $B \to D = - B \vee D$.

Ich setze also $A = B \vee D$, wo

$$B \leftrightarrow \bigcap_\alpha\bigcup_\beta B_{\alpha,\beta} \leftrightarrow \bigcup_\alpha\bigcap_\beta E_{\alpha,\beta}$$

und

$$D \leftrightarrow \bigcap_\alpha\bigcup_\beta D_{\alpha,\beta} \leftrightarrow \bigcup_\alpha\bigcap_\beta F_{\alpha,\beta}$$

$$A = B \vee D \leftrightarrow \bigcup_\alpha\bigcap_\beta E_{\alpha,\beta} \vee \bigcup_\alpha\bigcap_\beta F_{\alpha,\beta}$$

$$\bigcup_\alpha\bigcap_\beta E_{\alpha,\beta} \vee \bigcup_\alpha\bigcap_\beta F_{\alpha,\beta}$$

ist die Disjunktion zweier Disjunktionen je einer Anzahl $\leq \aleph$ von Gliedern, die je Konjunktionen von weniger als C Gliedern sind, die selber Atome oder Atome mit Negation sind. Also ist auch

$$\bigcup_\alpha\bigcap_\beta E_{\alpha,\beta} \vee \bigcup_\alpha\bigcap_\beta F_{\alpha,\beta}$$

selber eine Disjunktion von höchstens $\aleph$ Gliedern, die je Konjunktionen von weniger als C Gliedern sind, die selber Atome oder Atome mit Negation sind, also eine zulässige disjunktive Normalform.

Also ist A einer zulässigen disjunktiven Normalform äquivalent.

$$\left(\bigcup_\alpha B_{\alpha,\beta} \vee \bigcap_\gamma \bigcup_\delta D_{\gamma,\delta}\right) \leftrightarrow \bigcap_\gamma \left(\bigcup_\alpha B_{\alpha,\beta} \vee \bigcup_\delta D_{\gamma,\delta}\right) \quad \text{(Sätze 84 und 85)}$$

$$\bigcap_\alpha \left(\bigcup_\beta B_{\alpha,\beta} \vee \bigcap_\gamma \bigcup_\delta D_{\gamma,\delta}\right) \leftrightarrow \bigcap_\alpha \bigcap_\gamma \left(\bigcup_\beta B_{\alpha,\beta} \vee \bigcup_\delta D_{\gamma,\delta}\right) \quad \text{(Satz 83)}$$

$$(A \leftrightarrow E) \to ((E \leftrightarrow F) \to ((F \leftrightarrow G) \to (A \leftrightarrow G))) \quad \text{(endliche Aussagenlogik)}$$

$$\left(A \leftrightarrow \left(\bigcap_\alpha \bigcup_\beta B_{\alpha,\beta} \vee \bigcap_\gamma \bigcup_\delta D_{\gamma,\delta}\right)\right) \to$$

$$\left[\left(\left(\bigcap_\alpha \bigcup_\beta B_{\alpha,\beta} \vee \bigcap_\gamma \bigcup_\delta D_{\gamma,\delta}\right) \leftrightarrow \bigcap_\alpha \left(\bigcup_\beta B_{\alpha,\beta} \vee \bigcap_\gamma \bigcup_\delta D_{\gamma,\delta}\right)\right) \to \right.$$
$$\left[\left(\bigcap_\alpha \left(\bigcup_\beta B_{\alpha,\beta} \vee \bigcap_\gamma \bigcup_\delta D_{\gamma,\delta}\right) \leftrightarrow \bigcap_\alpha \bigcap_\gamma \left(\bigcup_\beta B_{\alpha,\beta} \vee \bigcup_\delta D_{\gamma,\delta}\right)\right) \right.$$
$$\left.\left. \to \left(A \leftrightarrow \bigcap_\alpha \bigcap_\gamma \left(\bigcup_\beta B_{\alpha,\beta} \vee \bigcup_\delta D_{\gamma,\delta}\right)\right)\right]\right]$$

$$\text{(Substitution)}$$

$$A \leftrightarrow \left(\bigcap_\alpha \bigcup_\beta B_{\alpha,\beta} \vee \bigcap_\gamma \bigcup_\delta D_{\gamma,\delta}\right) \quad \text{(Satz 83)}$$

$$\left(\left(\bigcap_\alpha \bigcup_\beta B_{\alpha,\beta} \vee \bigcap_\gamma \bigcup_\delta D_{\gamma,\delta}\right) \leftrightarrow \bigcap_\alpha \left(\bigcup_\beta B_{\alpha,\beta} \vee \bigcap_\gamma \bigcup_\delta D_{\gamma,\delta}\right)\right) \to$$

$$\left[\left(\bigcap_\alpha \left(\bigcup_\beta B_{\alpha,\beta} \vee \bigcap_\gamma \bigcup_\delta D_{\gamma,\delta}\right) \leftrightarrow \bigcap_\alpha \bigcap_\gamma \left(\bigcup_\beta B_{\alpha,\beta} \vee \bigcup_\delta D_{\gamma,\delta}\right)\right) \to \right.$$
$$\left.\left(A \leftrightarrow \bigcap_\alpha \bigcap_\gamma \left(\bigcup_\beta B_{\alpha,\beta} \vee \bigcup_\delta D_{\gamma,\delta}\right)\right)\right]$$

$$\text{(Modus Ponens)}$$

$$\left(\bigcap_\alpha \bigcup_\beta B_{\alpha,\beta} \vee \bigcap_\gamma \bigcup_\delta D_{\gamma,\delta}\right) \leftrightarrow \bigcap_\alpha \left(\bigcup_\beta B_{\alpha,\beta} \vee \bigcap_\gamma \bigcup_\delta D_{\gamma,\delta}\right)$$

$$\text{(Sätze 84 und 85)}$$

$$\left(\bigcap_\alpha \left(\bigcup_\beta B_{\alpha,\beta} \vee \bigcap_\gamma \bigcup_\delta D_{\gamma,\delta}\right) \leftrightarrow \bigcap_\alpha \bigcap_\gamma \left(\bigcup_\beta B_{\alpha,\beta} \vee \bigcup_\gamma D_{\gamma,\delta}\right)\right) \to$$

$$\left(A \leftrightarrow \bigcap_\alpha \bigcap_\gamma \left(\bigcup_\beta B_{\alpha,\beta} \vee \bigcup_\delta D_{\gamma,\delta}\right)\right) \quad \text{(Modus Ponens)}$$

$$\bigcap_\alpha \left(\bigcup_\beta B_{\alpha,\beta} \vee \bigcap_\gamma \bigcup_\delta D_{\gamma,\delta}\right) \leftrightarrow \bigcap_\alpha \bigcap_\gamma \left(\bigcup_\beta B_{\alpha,\beta} \vee \bigcup_\delta D_{\gamma,\delta}\right)$$

$$A \leftrightarrow \bigcap_\alpha \bigcap_\gamma \left(\bigcup_\beta B_{\alpha,\beta} \vee \bigcup_\delta D_{\gamma,\delta}\right) \quad \text{(Modus Ponens)}.$$

Für fixe α und γ ist

$$\bigcup_\beta B_{\alpha,\beta} \vee \bigcup_\delta D_{\gamma,\delta}$$

die Disjunktion zweier unendlicher Disjunktionen von je weniger als C Gliedern, die je ein Atom oder ein Atom mit einer Negation sind, also die Disjunktion von weniger als C Gliedern, die je ein Atom oder ein Atom mit einer Negation sind.

Jedes Glied der unendlichen Konjunktion hängt ab von den zwei Parametern α und γ, die je einer Wertemenge der Kardinalzahl $\leq$ *Kontinuum* fähig sind. Also enthält die Konjunktion eine Gliedermenge der Kardinalzahl $\leq$ *Kontinuum*.

Also ist A einer Konjunktion einer Gliedermenge der Kardinalzahl $\leq$ *Kontinuum*, die je Disjunktionen einer Anzahl Glieder $< C$ sind, welche je einem Atom oder einem Atom mit Negation gleich sind, äquivalent; also ist A einer zulässigen konjunktiven Normalform äquivalent.

4) $A = B \wedge D$, wo

$$B \leftrightarrow \bigcap_{\alpha} \bigcup_{\beta} B_{\alpha,\beta} \leftrightarrow \bigcup_{\alpha} \bigcap_{\beta} E_{\alpha,\beta} \quad \text{und}$$

$$D \leftrightarrow \bigcap_{\alpha} \bigcup_{\beta} D_{\alpha,\beta} \leftrightarrow \bigcup_{\alpha} \bigcap_{\beta} F_{\alpha,\beta}$$

$$A = B \wedge D \leftrightarrow \bigcap_{\alpha} \bigcup_{\beta} B_{\alpha,\beta} \wedge \bigcap_{\alpha} \bigcup_{\beta} D_{\alpha,\beta} \quad \text{(Satz 83)}$$

$$\bigcap_{\alpha} \bigcup_{\beta} B_{\alpha,\beta} \wedge \bigcap_{\alpha} \bigcup_{\beta} D_{\alpha,\beta}$$

ist die Konjunktion zweier Konjunktionen je einer Anzahl $\leq \aleph$ von Gliedern, die je Disjunktionen von weniger als C Gliedern sind, welche selber Atome oder Atome mit Negation sind. Also ist auch

$$\bigcap_{\alpha} \bigcup_{\beta} B_{\alpha,\beta} \wedge \bigcap_{\alpha} \bigcup_{\beta} D_{\alpha,\beta}$$

selber eine Konjunktion von höchstens $\aleph$ Gliedern, die je Disjunktionen von weniger als C Gliedern sind, welche selber Atome oder Atome mit Negation sind, also eine zulässige konjunktive Normalform.

Also ist A einer zulässigen konjunktiven Normalform äquivalent.

$$\left(\bigcap_{\beta} E_{\alpha,\beta} \wedge \bigcup_{\gamma} \bigcap_{\delta} F_{\gamma,\delta} \right) \leftrightarrow \bigcup_{\gamma} \bigcap_{\beta} \bigcap_{\delta} (E_{\alpha,\beta} \wedge F_{\gamma,\delta})$$

für jedes α (Sätze 86 und 87)

$$\bigcup_{\alpha} \left(\bigcap_{\beta} E_{\alpha,\beta} \wedge \bigcup_{\gamma} \bigcap_{\delta} F_{\gamma,\delta} \right) \leftrightarrow \bigcup_{\alpha} \bigcup_{\gamma} \bigcap_{\beta} \bigcap_{\delta} (E_{\alpha,\beta} \wedge F_{\gamma,\delta}) \quad \text{(Satz 83)}$$

$$(A \leftrightarrow E) \rightarrow ((E \leftrightarrow F) \rightarrow ((F \leftrightarrow G) \rightarrow (A \leftrightarrow G))) \quad \text{(endliche Aussagenlogik)}$$

$$\left(A \leftrightarrow \left(\bigcup_\alpha \bigcap_\beta E_{\alpha,\beta} \wedge \bigcup_\gamma \bigcap_\delta F_{\gamma,\delta}\right)\right) \rightarrow$$

$$\left[
\begin{aligned}
&\left(\left(\bigcup_\alpha \bigcap_\beta E_{\alpha,\beta} \wedge \bigcup_\gamma \bigcap_\delta F_{\gamma,\delta}\right) \leftrightarrow \bigcup_\alpha\left(\bigcap_\beta E_{\alpha,\beta} \wedge \bigcup_\gamma \bigcap_\delta F_{\gamma,\delta}\right)\right) \rightarrow \\
&\left[\left(\bigcup_\alpha\left(\bigcap_\beta E_{\alpha,\beta} \wedge \bigcup_\gamma \bigcap_\delta F_{\gamma,\delta}\right) \leftrightarrow \bigcup_\alpha \bigcup_\gamma \bigcap_\beta \bigcap_\delta \left(E_{\alpha,\beta} \wedge F_{\gamma,\delta}\right)\right)\right. \\
&\left.\quad \rightarrow \left(A \leftrightarrow \bigcup_\alpha \bigcup_\gamma \bigcap_\beta \bigcap_\delta \left(E_{\alpha,\beta} \wedge F_{\gamma,\delta}\right)\right)\right]
\end{aligned}
\right]$$

$$\text{(Substitution)}$$

$$A \leftrightarrow \left(\bigcup_\alpha \bigcap_\beta E_{\alpha,\beta} \wedge \bigcup_\gamma \bigcap_\delta F_{\gamma,\delta}\right) \quad \text{(Satz 83)}$$

$$\left(\left(\bigcup_\alpha \bigcap_\beta E_{\alpha,\beta} \wedge \bigcup_\gamma \bigcap_\delta F_{\gamma,\delta}\right) \leftrightarrow \bigcup_\alpha\left(\bigcap_\beta E_{\alpha,\beta} \wedge \bigcup_\gamma \bigcap_\delta F_{\gamma,\delta}\right)\right) \rightarrow$$

$$\left[
\begin{aligned}
&\left(\bigcup_\alpha\left(\bigcap_\beta E_{\alpha,\beta} \wedge \bigcup_\gamma \bigcap_\delta F_{\gamma,\delta}\right) \leftrightarrow \bigcup_\alpha \bigcup_\gamma \bigcap_\beta \bigcap_\delta \left(E_{\alpha,\beta} \wedge F_{\gamma,\delta}\right)\right) \rightarrow \\
&\left(A \leftrightarrow \bigcup_\alpha \bigcup_\gamma \bigcap_\beta \bigcap_\delta \left(E_{\alpha,\beta} \wedge F_{\gamma,\delta}\right)\right)
\end{aligned}
\right]$$

$$\text{(Modus Ponens)}$$

$$\left(\bigcup_\alpha \bigcap_\beta E_{\alpha,\beta} \wedge \bigcup_\gamma \bigcap_\delta F_{\gamma,\delta}\right) \leftrightarrow \bigcup_\alpha\left(\bigcap_\beta E_{\alpha,\beta} \wedge \bigcup_\gamma \bigcap_\delta F_{\gamma,\delta}\right) \quad \text{(Sätze 86 und 87)}$$

$$\left(\bigcup_\alpha\left(\bigcap_\beta E_{\alpha,\beta} \wedge \bigcup_\gamma \bigcap_\delta F_{\gamma,\delta}\right) \leftrightarrow \bigcup_\alpha \bigcup_\gamma \bigcap_\beta \bigcap_\delta \left(E_{\alpha,\beta} \wedge F_{\gamma,\delta}\right)\right) \rightarrow$$

$$\left(A \leftrightarrow \bigcup_\alpha \bigcup_\gamma \bigcap_\beta \bigcap_\delta \left(E_{\alpha,\beta} \wedge F_{\gamma,\delta}\right)\right) \quad \text{(Modus Ponens)}$$

$$\bigcup_\alpha\left(\bigcap_\beta E_{\alpha,\beta} \wedge \bigcup_\gamma \bigcap_\delta F_{\gamma,\delta}\right) \leftrightarrow \bigcup_\alpha \bigcup_\gamma \bigcap_\beta \bigcap_\delta \left(E_{\alpha,\beta} \wedge F_{\gamma,\delta}\right)$$

$$A \leftrightarrow \bigcup_\alpha \bigcup_\gamma \bigcap_\beta \bigcap_\delta \left(E_{\alpha,\beta} \wedge F_{\gamma,\delta}\right) \quad \text{(Modus Ponens)}.$$

Jede unendliche Konjunktion ist die Konjunktion zweier unendlicher Konjunktionen von weniger als C Gliedern, die je Atome oder Atome mit Negation sind, also selber eine unendliche Konjunktion von weniger als C Gliedern, die je Atome oder Atome mit Negation sind.

Jede unendliche Konjunktion hängt ab von den zwei Parametern α und γ, die je höchstens $\aleph$ Werte fähig sind ($\aleph$ ist die Mächtigkeit des Kontinuums). Also enthält die unendliche Disjunktion

$$\bigcup_\alpha \bigcup_\gamma$$

höchstens $\aleph$ Glieder. Also ist A einer Disjunktion von höchstens $\aleph$ Gliedern, die je die Konjunktion einer Anzahl Glieder $< C$ sind, welche je ein Atom oder ein Atom mit Negation sind, äquivalent. Also ist A einer zulässigen disjunktiven Normalform äquivalent.

5) Ich setze $A = A_1 \vee \cdots \vee A_\alpha \vee \ldots$, wo

$$A_\alpha \leftrightarrow \bigcap_\beta \bigcup_\gamma A_{\alpha,\beta,\gamma} \leftrightarrow \bigcup_\beta \bigcap_\gamma B_{\alpha,\beta,\gamma}.$$

Dann

$$A \leftrightarrow \bigcup_\alpha \bigcup_\beta \bigcap_\gamma B_{\alpha,\beta,\gamma} \quad \text{(Satz 83)}.$$

Hierin hängt jede Konjunktion

$$\bigcap_\gamma B_{\alpha,\beta,\gamma}$$

von zwei Parametern α und β ab, die je höchstens $\aleph$ Werte fähig sind. Also ist

$$\bigcup_\alpha \bigcup_\beta \bigcap_\gamma B_{\alpha,\beta,\gamma}$$

die Disjunktion von höchstens $\aleph$ Gliedern, die je die Konjunktion von weniger als C Gliedern sind, welche je Atome oder Atome mit Negation sind, also eine zulässige disjunktive Normalform.

Also ist A einer zulässigen disjunktiven Normalform äquivalent.

$$(A \leftrightarrow D) \to ((D \leftrightarrow E) \to (A \leftrightarrow E)) \quad \text{(endliche Aussagenlogik)}$$

$$(A \leftrightarrow \bigcup_\alpha \bigcap_\beta B_{\alpha,\beta}) \to$$

$$\left[\begin{aligned} &\left(\bigcup_\alpha \bigcap_\beta B_{\alpha,\beta} \leftrightarrow \bigcap_{\beta_1} \cdots \bigcap_{\beta_\alpha} \ldots (B_{1,\beta_1} \vee \cdots \vee B_{\alpha,\beta_\alpha} \vee \ldots) \right) \\ &\to (A \leftrightarrow \bigcap_{\beta_1} \cdots \bigcap_{\beta_\alpha} \ldots (B_{1,\beta_1} \vee \cdots \vee B_{\alpha,\beta_\alpha} \vee \ldots)) \end{aligned} \right] \quad \text{(Substitution)}$$

$$A = \bigcup_\alpha A_\alpha \leftrightarrow \bigcup_\alpha \bigcap_\beta \bigcup_\gamma A_{\alpha,\beta,\gamma}$$

Ich setze

$$\bigcup_\gamma A_{\alpha,\beta,\gamma} = B_{\alpha,\beta}$$

Also

$$A \leftrightarrow \bigcup_\alpha \bigcap_\beta B_{\alpha,\beta}$$

$$\left(\bigcup_\alpha \bigcap_\beta B_{\alpha,\beta} \leftrightarrow \bigcap_{\beta_1} \cdots \bigcap_{\beta_\alpha} \ldots (B_{1,\beta_1} \vee \cdots \vee B_{\alpha,\beta_\alpha} \vee \ldots) \right)$$

$$\to (A \leftrightarrow \bigcap_{\beta_1} \cdots \bigcap_{\beta_\alpha} \ldots (B_{1,\beta_1} \vee \cdots \vee B_{\alpha,\beta_\alpha} \vee \ldots)) \quad \text{(Modus Ponens)}$$

$$\bigcup_\alpha \bigcap_\beta B_{\alpha,\beta} \leftrightarrow \bigcap_{\beta_1} \cdots \bigcap_{\beta_\alpha} \ldots (B_{1,\beta_1} \vee \cdots \vee B_{\alpha,\beta_\alpha} \vee \ldots) \quad \text{(Satz 90)}$$

$$A \leftrightarrow \bigcap_{\beta_1} \cdots \bigcap_{\beta_\alpha} \ldots (B_{1,\beta_1} \vee \cdots \vee B_{\alpha,\beta_\alpha} \vee \ldots) \quad \text{(Modus Ponens)}$$

Oder, nach Substitution:

$$A \leftrightarrow \bigcap_{\beta_1} \cdots \bigcap_{\beta_\alpha} \cdots \bigcup_\alpha \bigcup_\gamma A_{\alpha, \beta_\alpha, \gamma}$$

Jedes Glied der Disjunktion

$$\bigcup_\alpha \bigcup_\gamma A_{\alpha, \beta_\alpha, \gamma}$$

hängt ab von den zwei Parametern α und γ, deren α höchstens $\aleph$ Werte fähig ist und γ weniger als C. Also hat die Disjunktion

$$\bigcup_\alpha \bigcup_\gamma A_{\alpha, \beta_\alpha, \gamma}$$

höchstens $\aleph$ Glieder. Aber jedes Glied ist ein Atom oder Atom mit Negation und es gibt weniger als C Atomklassen.

Aus

$$\bigcup_\alpha \bigcup_\gamma A_{\alpha, \beta_\alpha, \gamma}$$

(für fixe β_α) erhalte ich die Disjunktion

$$D_{\beta_1, \ldots, \beta_\alpha, \ldots} = D_{\beta_1, \ldots, \beta_\alpha, \ldots, 1} \vee \cdots \vee D_{\beta_1, \ldots, \beta_\alpha, \ldots, \delta} \vee \cdots,$$

indem ich jedes Glied fortlasse das einem vorigen Atom oder Atom mit Negation gleich ist. Dann ist die Anzahl der Glieder von $D_{\beta_1, \ldots, \beta_\alpha, \ldots} < C$.

$$\bigcup_\alpha \bigcup_\gamma A_{\alpha, \beta_\alpha, \gamma} \leftrightarrow D_{\beta_1, \ldots, \beta_\alpha, \ldots} \quad \text{(Satz 88)}$$

Also

$$\bigcap_{\beta_1} \cdots \bigcap_{\beta_\alpha} \cdots \bigcup_\alpha \bigcup_\gamma A_{\alpha, \beta, \gamma} \leftrightarrow$$

$$\bigcap_{\beta_1} \cdots \bigcap_{\beta_\alpha} \cdots D_{\beta_1, \ldots, \beta_\alpha, \ldots} \quad \text{(Satz 83)}$$

$$A \leftrightarrow \bigcap_{\beta_1} \cdots \bigcap_{\beta_\alpha} \cdots \bigcup_\alpha \bigcup_\gamma A_{\alpha, \beta, \gamma}$$

Also:

$$A \leftrightarrow \bigcap_{\beta_1} \cdots \bigcap_{\beta_\alpha} \cdots D_{\beta_1, \ldots, \beta_\alpha, \ldots}.$$

Die Glieder der Konjunktion hangen ab von den Parametern $\beta_1, \ldots, \beta_\alpha, \ldots$, also einer Anzahl Parameter $P < C$, die je höchstens $\aleph$ Werte fähig sind. Also hat die Konjunktion eine Anzahl Glieder $\leq Kontinuum^P \leq$ $\leq (2^P)^P = 2^{P.P} = 2^P \leq Kontinuum$. Also ist

$$\bigcap_{\beta_1} \cdots \bigcap_{\beta_\alpha} \cdots D_{\beta_1, \ldots, \beta_\alpha, \ldots}$$

die Konjunktion von höchstens $\aleph$ Gliedern, die je die Disjunktion einer Anzahl von Gliedern $< C$ sind, welche je Atome oder Atome mit Negation sind, also eine zulässige konjunktive Normalform. Also ist A einer zulässigen konjunktiven Normalform äquivalent.

6) Ich setze $A = A_1 \wedge \cdots \wedge A_\alpha \wedge \ldots$, wo

$$A_\alpha \leftrightarrow \bigcap_\beta \bigcup_\gamma A_{\alpha,\beta,\gamma}$$

und

$$A_\alpha \leftrightarrow \bigcup_\beta \bigcap_\gamma B_{\alpha,\beta,\gamma}\,.$$

Dann

$$A \leftrightarrow \bigcap_\alpha \bigcap_\beta \bigcup_\gamma A_{\alpha,\beta,\gamma} \quad \text{(Satz 83)}$$

Hierin hängt jede Disjunktion

$$\bigcup_\gamma A_{\alpha,\beta,\gamma}$$

von zwei Parametern α und β ab, die je höchstens $\aleph$ Werte fähig sind. Also ist

$$\bigcap_\alpha \bigcap_\beta \bigcup_\gamma A_{\alpha,\beta,\gamma}$$

die Konjunktion von höchstens $\aleph$ Gliedern, die je die Disjunktionen von weniger als C Gliedern sind, welche je Atome oder Atome mit Negation sind, also eine zulässige konjunktive Normalform.

Also ist A einer zulässigen konjunktiven Normalform äquivalent.

$$(A \leftrightarrow D) \rightarrow ((D \leftrightarrow E) \rightarrow (A \leftrightarrow E)) \quad \text{(endliche Aussagenlogik)}$$

$$(A \leftrightarrow \bigcap_\alpha \bigcup_\beta D_{\alpha,\beta}) \rightarrow$$

$$\left[\begin{array}{l} \left(\bigcap_\alpha \bigcup_\beta D_{\alpha,\beta} \leftrightarrow \bigcup_{\beta_1} \cdots \bigcup_{\beta_\alpha} \ldots (D_{1,\beta_1} \wedge \cdots \wedge D_{\alpha,\beta_\alpha} \wedge \ldots)) \right) \\ \rightarrow (A \leftrightarrow \bigcup_{\beta_1} \cdots \bigcup_{\beta_\alpha} \ldots (D_{1,\beta_1} \wedge \cdots \wedge D_{\alpha,\beta_\alpha} \wedge \ldots)) \end{array} \right] \quad \text{(Substitution)}$$

$$A = \bigcap_\alpha A_\alpha \leftrightarrow \bigcap_\alpha \bigcup_\beta \bigcap_\gamma B_{\alpha,\beta,\gamma}$$

Ich setze

$$\bigcap_\gamma B_{\alpha,\beta,\gamma} = D_{\alpha,\beta}$$

Also

$$A \leftrightarrow \bigcap_\alpha \bigcup_\beta D_{\alpha,\beta}$$

$$\left(\bigcap_\alpha \bigcup_\beta D_{\alpha,\beta} \leftrightarrow \bigcup_{\beta_1} \cdots \bigcup_{\beta_\alpha} \ldots (D_{1,\beta_1} \wedge \cdots \wedge D_{\alpha,\beta_\alpha} \wedge \ldots) \right)$$

$$\rightarrow (A \leftrightarrow \bigcup_{\beta_1} \cdots \bigcup_{\beta_\alpha} \ldots (D_{1,\beta_1} \wedge \cdots \wedge D_{\alpha,\beta_\alpha} \wedge \ldots)) \quad \text{(Modus Ponens)}$$

$$\bigcap_{\alpha} \bigcup_{\beta} D_{\alpha,\beta} \leftrightarrow \bigcup_{\beta_1} \cdots \bigcup_{\beta_\alpha} \ldots (D_{1,\beta_1} \wedge \cdots \wedge D_{\alpha,\beta_\alpha} \wedge \ldots) \quad \text{(Satz 91)}$$

$$A \leftrightarrow \bigcup_{\beta_1} \cdots \bigcup_{\beta_\alpha} \ldots (D_{1,\beta_1} \wedge \cdots \wedge D_{\alpha,\beta_\alpha} \wedge \ldots) \quad \text{(Modus Ponens)}$$

Oder, nach Substitution:

$$A \leftrightarrow \bigcup_{\beta_1} \cdots \bigcup_{\beta_\alpha} \cdots \bigcap_{\alpha} \bigcap_{\gamma} B_{\alpha,\beta_\alpha,\gamma} \, .$$

Jedes Glied der Konjunktion

$$\bigcap_{\alpha} \bigcap_{\gamma} B_{\alpha,\beta_\alpha,\gamma}$$

hängt von den zwei Parametern α und γ ab, deren α höchstens $\aleph$ Werte fähig ist und γ weniger als C. Also hat die Konjunktion

$$\bigcap_{\alpha} \bigcap_{\gamma} B_{\gamma,\beta_\alpha,\gamma}$$

höchstens $\aleph$ Glieder. Aber jedes Glied ist ein Atom oder Atom mit Negation und es gibt weniger als C Atomklassen.

Aus

$$\bigcap_{\alpha} \bigcap_{\gamma} B_{\alpha,\beta_\alpha,\gamma}$$

(für fixe β_α) erhalte ich die Konjunktion

$$E_{\beta_1,\ldots,\beta_\alpha,\ldots} = E_{\beta_1,\ldots,\beta_\alpha,\ldots,1} \wedge \cdots \wedge E_{\beta_1,\ldots,\beta_\alpha,\ldots,\gamma} \wedge \cdots,$$

indem ich jedes Glied fortlasse das einem vorigen Atom oder Atom mit Negation gleich ist. Dann ist die Anzahl der Glieder von $E_{\beta_1,\ldots,\beta_\alpha,\ldots} < C$.

$$\bigcap_{\alpha} \bigcap_{\gamma} B_{\alpha,\beta_\alpha,\gamma} \leftrightarrow E_{\beta_1,\ldots,\beta_\alpha,\ldots} \quad \text{(Satz 89)}$$

Also

$$\bigcup_{\beta_1} \cdots \bigcup_{\beta_\alpha} \cdots \bigcap_{\alpha} \bigcap_{\gamma} B_{\alpha,\beta_\alpha,\gamma} \leftrightarrow$$

$$\bigcup_{\beta_1} \cdots \bigcup_{\beta_\alpha} \ldots E_{\beta_1,\ldots,\beta_\alpha,\ldots} \quad \text{(Satz 83)}$$

$$A \leftrightarrow \bigcup_{\beta_1} \cdots \bigcup_{\beta_\alpha} \cdots \bigcap_{\alpha} \bigcap_{\gamma} B_{\alpha,\beta_\alpha,\gamma}$$

Also:

$$A \leftrightarrow \bigcup_{\beta_1} \cdots \bigcup_{\beta_\alpha} \ldots E_{\beta_1,\ldots,\beta_\alpha,\ldots}$$

Die Glieder der Disjunktion hangen ab von den Parametern $\beta_1,\dots,$ $\beta_\alpha,\dots$, also einer Anzahl Parameter $P < C$, die je höchstens $\aleph$ Werte fähig sind. Also hat die Disjunktion eine Anzahl Glieder $\leq$ Kontinuum$^P \leq$ $\leq (2^P)^P = 2^{P \cdot P} = 2^P \leq$ Kontinuum. Also ist

$$\bigcup_{\beta_1} \cdots \bigcup_{\beta_\alpha} \cdots E_{\beta_1,\,\dots,\,\beta_\alpha,\,\dots}$$

die Disjunktion von höchstens $\aleph$ Gliedern, die je die Konjunktion einer Anzahl von Gliedern $< C$ sind, welche je Atome oder Atome mit Negation sind, also eine zulässige disjunktive Normalform. Also ist A einer zulässigen disjunktiven Normalform äquivalent.

Korollar. Die Richtigkeit jeder Formel kann ebenso wie in der endlichen Aussagenlogik entschieden werden nicht nur mittels einer Wahrheitstafel, sondern auch mittels der zulässigen konjunktiven Normalform. Der Geist muss um die Richtigkeit einer unendlichen Disjunktion D mit G Gliedern zu beurteilen alle Paare (a, b) betrachten wo $a \in D$, $b \in D$, also eine Anzahl Objekte $\leq G \times G < C \times C = C$. Um die Richtigkeit der zulässigen konjunktiven Normalform zu beurteilen muss er dies tun für alle Glieder der unendlichen konjunktiven Normalform, also höchstens *Kontinuum* $\times$ *C = Kontinuum* Objekte ins Auge fassen, was also möglich ist.

Satz 93. Die Anzahl der wohlgebildeten Formeln ist Kontinuum.

Beweis. Ich beweise zuerst durch vollständige Induktion nach n, dass die Anzahl der wohlgebildeten Formeln eines Verwicklungsgrades $\leq n$ *Kontinuum* ist.

1) Der Satz ist richtig für die Formeln des Verwicklungsgrades 0 (die Atome).

2) Ich setze voraus, dass bewiesen ist, dass die Anzahl der wohlgebildeten Formeln eines Verwicklungsgrades $\leq n$ Kontinuum ist. Dann zerfällt die Menge der wohlgebildeten Formeln mit Verwicklungsgrad $\leq n+1$ in die nachstehenden (nicht notwendig disjunkten) Klassen:

A) Die Menge der Formeln des Verwicklungsgrades $\leq n$, die nach der Rekurrenzvoraussetzung eine Kardinalzahl Kontinuum hat.

B) Die Menge der Formeln $-G$ wo G eine Formel eines Verwicklungsgrades $\leq n$ ist. Diese hat also auch eine Kardinalzahl Kontinuum.

C) Die Menge der Formeln $G \wedge H$, wo G und H Formeln eines Verwicklungsgrades $\leq n$ sind. Jedes Glied dieser Menge hängt ab von zwei je $\aleph$ Werte fähigen Parametern. Also ist die Kardinalzahl der Menge C gleich *Kontinuum* $\times$ *Kontinuum = Kontinuum*.

D) Die Mengen der Formeln $G \to H$ und $G \vee H$, wo G und H ebenfalls Formeln eines Verwicklungsgrades $\leq n$ sind. Jede dieser Mengen hat aus demselben Grunde wie die Menge C eine Kardinalzahl *Kontinuum*, also gilt das auch für ihre Vereinigung.

E) Die Menge der Formeln $G = G_1 \wedge \cdots \wedge G_\alpha \wedge \ldots$, wo $G_1, \ldots, G_\alpha, \ldots$ einen Verwicklungsgrad $\leq n$ haben und die Kardinalzahl der Glieder der Konjunktion $< C$ ist. Diese Menge zerfällt in die Untermengen E_α, wo α die Ordinalzahl der Folge der Glieder ist. Jedes Glied von E_α hängt ab von $K(\alpha)$ ($K(\alpha)$ ist die Kardinalzahl von α) je $\aleph$ Werte fähigen Parametern, nämlich den Gliedern G_α. Also hat E_α eine Kardinalzahl $Kontinuum^{K(\alpha)} = (2^{\aleph_0})^{K(\alpha)} = 2^{\aleph_0 \, K(\alpha)} = Kontinuum$, denn $\aleph_0 K(\alpha) < C$, weil ebensowohl $\aleph_0$ wie $K(\alpha) < C$ sind. Also hat E als die Vereinigung von weniger als C Mengen mit Kardinalzahl Kontinuum eine Kardinalzahl *Kontinuum*.

F) Die Menge der Formeln $G = G_1 \vee \cdots \vee G_\alpha \vee \ldots$, wo $G_1, \ldots, G_\alpha, \ldots$ einen Verwicklungsgrad $\leq n$ haben und die Kardinalzahl der Glieder der Disjunktion $< C$ ist. Diese hat aus demselben Grunde wie die Menge E eine Kardinalzahl *Kontinuum*.

Also hat die Menge der Formeln eines Verwicklungsgrades $\leq n+1$ als die Vereinigung von sechs (obgleich nicht disjunkten) Mengen der Kardinalzahl *Kontinuum* eine Kardinalzahl *Kontinuum*.

Dann hat die Menge aller Formeln als die Vereinigung abzählbar-unendlich vieler Mengen der Kardinalzahl Kontinuum eine Kardinalzahl *Kontinuum*.

Korollar. Die Theorie ist möglich für einen Geist der charakteristischen Zahl 342, Kardinalzahl *Kontinuum* und Übersichtszahl der dem *Kontinuum* folgenden Zahl.

§ 17. *Geister der charakteristischen Zahlen 344 und 345*

Ich setze voraus, dass die Kardinalzahl $\geq$ *Kontinuum*, die Übersichtszahl $>$ $>$ *Kontinuum* (vgl. die Betrachtungen Seite 32) und die Kettenzahl K eine Limeszahl ist.

Ich setze wiederum C die erste Kardinalzahl derart dass $2^C >$ *Kontinuum*.

Satz 96. C hat eine unmittelbar vorhergehende Kardinalzahl.

Beweis. Ich setze $C = \aleph_\alpha$. Dann sind vier Fälle zu betrachten:

1) α ist konfinal mit einer kardinalen Anfangszahl der Kardinalzahl $< C$.

2) α ist konfinal mit einer regulären Zahl der Kardinalzahl $> C$.

3) α ist konfinal mit einer regulären Zahl der Kardinalzahl C.

4) α ist eine isolierte Zahl.

1) Die Unmöglichkeit dieses Falles beweise ich indem ich ihn ad absurdum führe:

Ich setze voraus, α sei konfinal mit β, einer kardinalen Anfangszahl der Kardinalzahl $< C$. Dann ist α der Limes der wachsenden Folge von Ordinalzahlen m_{n_γ}, welche Folge die Ordinalzahl β hat. Dann

$$\aleph_\alpha = \sum_{0 \leqq \gamma < \beta} \aleph_{n_\gamma}.$$

Dann $\aleph_{n_\gamma} < C$, also $2^{\aleph_{n_\gamma}} \leqq \textit{Kontinuum}$.

$$2^{\aleph_\alpha} = 2^{\sum\limits_{0 \leqq \gamma < \beta} \aleph_{n_\gamma}} = \prod_{0 \geqq \gamma < \beta} 2^{\aleph_{n_\gamma}} \leqq$$

$$\prod_{0 \leqq \gamma < \beta} \text{Kontinuum} = \text{Kontinuum}^{Ka(\beta)} = (2^{\aleph_0})^{Ka(\beta)} =$$

$$2^{Ka(\beta)} = \text{Kontinuum}. \quad \text{Widerspruch}.$$

2) Es sei α konfinal mit β, einer kardinalen Anfangszahl mit Kardinalzahl $> C$. Dann $\alpha \geqq \beta$, und die Anzahl der Kardinalzahlen $< C$ wäre grösser als C. Widerspruch.

3) Die Unmöglichkeit des dritten Falles beweise ich folgendermassen:

Es sei α konfinal mit β, der kardinalen Anfangszahl der Kardinalzahl C. Auch dann $\alpha \geqq \beta$.

Es sei $\alpha > \beta$ und $A(\alpha)$ die kardinale Anfangszahl von $\aleph_\alpha$. $A(\alpha)$ ist eine monoton steigende Folge, also immer $A(\alpha) \geqq \alpha$.

Also bleibt nur die Möglichkeit $\alpha = \beta$ übrig. Dann würde α den folgenden Bedingungen genügen:

a) α ist die kardinale Anfangszahl der Kardinalzahl C.

b) α ist regulär.

c) $\alpha = A(\alpha)$.

α wäre also eine reguläre Anfangszahl mit Limeszahlindex. Die Existenz einer regulären Anfangszahl mit Limeszahl-index kann auf dem Boden des Zermelo-Fraenkelschen Systemes nicht begründet werden (H. Bachmann, 1), Seiten 185 und 186). Aber α ist wohl auf Grund des Zermelo-Fraenkelschen Systems definiert. Widerspruch.

Also muss α eine isolierte Zahl sein.

Also hat C eine unmittelbar hervorgehende Kardinalzahl. Diese nenne ich B.

Die Regeln für die Bildung wohlgebildeter Formeln werden:

1) Die Atome sind wohlgebildete Formeln; es gibt aber B Atomklassen.

2) Wenn A eine wohlgebildete Formel ist, ist auch $-A$ eine wohlgebildete Formel.

3) Wenn A und D wohlgebildete Formeln sind, sind auch $A \wedge D$, $A \vee D$ und $A \rightarrow D$ wohlgebildete Formeln.

4) Wenn $A_1, \ldots, A_\alpha, \ldots$ eine endliche, unendliche oder höchstens abzählbar-unendliche transfinite Folge wohlgebildeter Formeln ist, deren Verwicklungsgrad eine Obergrenze $< K$ hat, sind auch $A_1 \wedge \cdots \wedge A_\alpha \wedge \ldots$ und $A_1 \vee \cdots \vee A_\alpha \vee \ldots$ wohlgebildete Formeln.

5) Keine Formel ist eine wohlgebildete Formel, es sei denn auf Grund der Regeln 1–4.

Die Nebenbedingung der ersten Regel ist notwendig aus demselben Grund wie Band I Seite 118.

Satz 97. Die Formeln der Aussagenlogik eines Geistes der charakteristischen Zahl 344 haben einen Verwicklungsgrad $< K$ und enthalten zusammen höchstens B Zeichen.

Beweis. Der Beweis des Satzes für den Verwicklungsgrad ist bis auf einige unwesentliche Änderungen derselbe wie Seite 27.

Der Beweis, dass die Formeln höchstens B Zeichen enthalten, ist derselbe wie Seite 32–33.

Für einen Geist der charakteristischen Zahl 345 setze ich wiederum die Kardinalzahl des Vorstellungsraumes $\geq$ *Kontinuum* und die Übersichtszahl $>$ *Kontinuum*. Dann werden die Regeln für die Bildung wohlgebildeter Formeln:

1) Die Atome sind wohlgebildete Formeln. Es gibt aber B Atomklassen.

2) Wenn A eine wohlgebildete Formel ist, ist auch $-A$ eine wohlgebildete Formel.

3) Wenn A und D wohlgebildete Formeln sind, sind auch $A \vee D$, $A \wedge D$ und $A \rightarrow D$ wohlgebildete Formeln.

4) Wenn $A_1, \ldots, A_\alpha, \ldots$ eine endliche, unendliche oder transfinite Folge einer Kardinalzahl $\leq B$ wohlgebildeter Formeln ist, deren Verwicklungsgrad eine Obergrenze $< \Omega$ hat, sind auch $A_1 \wedge \cdots \wedge A_\alpha \wedge \ldots$ und $A_1 \vee \cdots \vee A_\alpha \vee \ldots$ wohlgebildete Formeln.

5) Keine Formel ist eine wohlgebildete Formel, es sei denn auf Grund der Regeln 1–4.

In einer Theorie mit dem Kontinuumaxiom könnte ich die vierte Regel ersetzen durch:

Wenn $A_1, \ldots, A_\alpha, \ldots$ eine endliche, unendliche oder abzählbar-unendliche transfinite Folge wohlgebildeter Formeln ist, sind auch $A_1 \wedge \cdots \wedge A_\alpha \wedge \ldots$ und $A_1 \vee \cdots \vee A_\alpha \vee \ldots$ wohlgebildete Formeln.

Dass dann für jede Formel A gilt $Z(A) \leq \aleph_0$ und $V(A) < \Omega$, beweise ich auf dieselbe Art wie Seite 54.

Satz 98. Die Formeln der Aussagenlogik eines Geistes der charakteristischen Zahl 345 enthalten höchstens B Zeichen und haben einen Verwicklungsgrad $< \Omega$.

Beweis. Der Beweis, dass $Z(A) \leq B$, ist wie Seite 54.

Dass $V(A) < \Omega$, beweise ich durch Rekurrenz:

1) Ein Atom hat einen Verwicklungsgrad $< \Omega$.

2) Ich setze voraus, dass $V(A) < \Omega$. Dann auch $V(-A) < \Omega$.

3) Ich setze voraus, dass $V(A) < \Omega$ und $V(D) < \Omega$. Dann $V(A \wedge D) =$
$= V(A \vee D) = V(A \rightarrow D) = \mathrm{Max}(V(A), V(D)) + 1 < \Omega$, denn Ω ist eine Limeszahl.

4) Ich setze voraus, dass

$$V(A_1) < D$$
$$\vdots$$
$$V(A_\alpha) < D,$$
$$\vdots$$

wo $D < \Omega$. Dann

$$V(A_1 \wedge \cdots \wedge A_\alpha \wedge \ldots) = V(A_1 \vee \cdots \vee A_\alpha \vee \ldots) \leq D < \Omega.$$

Einen wichtigen Satz beweise ich am bequemsten für die Geister der charakteristischen Zahlen 344 und 345 zugleich; deshalb behandle ich diese zwei charakteristischen Zahlen 344 und 345 in einem Paragraphen.

Satz 99. Die Formeln der Aussagenlogik eines Geistes der charakteristischen Zahl 344 oder 345 enthalten zusammen $\aleph$ Zeichen.

Beweis. Aus den Regeln für die Bildung wohlgebildeter Formeln ergibt sich, dass die Menge der Formeln der Aussagenlogik eines Geistes der charakteristischen Zahl 344 eine Teilmenge der Menge der Formeln der Aussagenlogik eines Geistes der charakteristischen Zahl 345 ist; also enthält die erste gewiss höchstens $\aleph$ Zeichen, wenn die letzte höchstens $\aleph$ Zeichen enthält. Also darf ich mich damit begnügen den Satz zu beweisen für Geister der charakteristischen Zahl 345.

Ich beweise zuerst, dass die Aussagenlogik der Geister der charakteristischen Zahl 345 $\aleph$ Formeln enthält.

Ich nenne M_α die Menge aller wohlgebildeten Formeln des Verwicklungsgrads α.

Dann beweise ich durch transfinite Induktion nach α, dass die Kardinalzahl von M_α *Kontinuum* ist für jedes α mit $1 < \alpha \leq \Omega$.

1) M_2 zerfällt in die vier nachstehenden, nicht notwendig disjunkten Klassen:

D) M_1 der Kardinalzahl B;

E) Die Formeln $H = -I$, wo $I \in M_1 \cdot M_1$ hat B Formeln, also auch die Klasse E;

F) Die Formeln $H = I \wedge J$, $H = I \vee J$ und $H = I \rightarrow J$, wo $I \in M_1$ und $J \in M_1$. Die Kardinalzahl der Menge der $I \wedge J$, $I \vee J$ oder $I \rightarrow J$ ist $B \times B = B$; also ist die Kardinalzahl von F gleich $3 \times B = B$.

G) Die Formeln $A = A_1 \vee \cdots \vee A_\alpha \vee \ldots$ und $A = A_1 \wedge \cdots \wedge A_\alpha \wedge \ldots$, wo die A_α der Menge M_1 angehören. G zerfällt in die Untermengen G_β, wo G_β die Menge der Formeln $A_1 \vee \cdots \vee A_\alpha \vee \ldots$ und $A_1 \wedge \cdots \wedge A_\alpha \wedge \ldots$ ist, wo $A_1, \ldots, A_\alpha, \ldots$ eine Folge der Ordinalzahl β ist. Dann hängt in einer bestimmten Menge G_β jede Konjunktion oder Disjunktion ab von den $Ka(\beta)$ Parametern A_β, die je B vieler Werte fähig sind. Also ist die Kardinalzahl der Menge der Konjunktionen oder Disjunktionen einer G_β gleich $B^{Ka(\beta)} \leq Kontinuum^{\aleph_0} = Kontinuum$, also die Kardinalzahl von $G_\beta \leq 2 \times Kontinuum = Kontinuum$. Also

$$Ka(G) = Ka\left(\sum_{1 < \beta < \Omega} G_\beta\right) \leq \sum_{1 < \beta < \Omega} Ka(G_\beta) \leq \sum_{1 < \beta < \Omega} Kontinuum \leq$$
$$Kontinuum \times Kontinuum = Kontinuum\,.$$

Andererseits $Ka(G) \geq Ka(G_\Omega) = B^{\aleph_0} \geq 2^{\aleph_0} = Kontinuum$. Also $Ka(G) = Kontinuum$.

Also $Ka(M_2) \leq B + B + B + Kontinuum = Kontinuum$ und $Ka(M_2) \geq Ka(G) = Kontinuum$. Also $Ka(M_2) = Kontinuum$.

2) Ich setze voraus, dass bewiesen ist, dass für jedes $\beta < \alpha$ $Ka(M_\beta) = Kontinuum$. Dann sind zwei Fälle zu unterscheiden:

1) α ist eine Limeszahl. Dann

$$M_\alpha = \bigcup_{\beta < \alpha} M_\beta\,,$$

also M_α hat als die Vereinigung von $\aleph$ Mengen je der Mächtigkeit des Kontinuums eine Kardinalzahl *Kontinuum*.

2) α ist eine isolierte Zahl. Dann nenne ich $\alpha = \beta + 1$. Dann hat M_β eine Kardinalzahl *Kontinuum*. Dann zerfällt M_α in die nachstehenden vier, nicht notwendig disjunkten Klassen:

D) M_β der Kardinalzahl *Kontinuum*.

E) Die Formeln $H = -I$, wo $I \in M_\beta$. M_β enthält $\aleph$ Formeln, also auch die Klasse E.

F) Die Formeln $H = I \wedge J$, $H = I \vee J$ und $I \to J$, wo $I \in M_\beta$ und $J \in M_\beta$. Die Anzahl der Formeln I ist *Kontinuum*, die Anzahl der Formeln J ist *Kontinuum*, also die Anzahl der Formeln $I \wedge J$, $I \vee J$ oder $I \to J$ *Kontinuum × Kontinuum = Kontinuum*. Also ist die Anzahl der Formeln der Klasse $F =$ die Anzahl der Formeln $I \wedge J$, $I \vee J$ und $I \to J$ gleich $3 \times$ *Kontinuum = Kontinuum*.

G) Die Formeln $A = H_1 \wedge \cdots \wedge H_\delta \wedge \ldots$ und $A = H_1 \vee \cdots \vee H_\delta \vee \ldots$, wo $H_1, \ldots, H_\delta, \ldots$ der Menge M_γ angehören. Dann zerfällt G in die Mengen G_γ, wo γ die Ordinalzahl der Folge $H_1, \ldots, H_\delta, \ldots$ ist. Dann hängt jede Formel $A = H_1 \wedge \cdots \wedge H_\delta \wedge \ldots$ oder $A = H_1 \vee \cdots \vee H_\delta \vee \ldots$ einer bestimmten G_β ab von den höchstens abzählbar-unendlich vielen je $\aleph$ Werte fähigen Parametern $H_1, \ldots, H_\delta, \ldots$. Also ist die Kardinalzahl von G_γ gleich $2 \times$ *Kontinuum*$_{\aleph_0} = 2 \times$ *Kontinuum = Kontinuum*. Also hat die Klasse G als die Vereinigung von höchstens $\aleph$ Mengen der Mächtigkeit des Kontinuums die Mächtigkeit des Kontinuums.

Also hat M_α als die Vereinigung von vier Mengen der Mächtigkeit des Kontinuums die Mächtigkeit des Kontinuums.

Dann hat auch die Menge aller Zeichen aller Formeln als die Vereinigung von $\aleph$ Mengen je der Kardinalzahl B die Mächtigkeit des Kontinuums.

Korollar. Die gegebenen Theorien sind möglich für Geister der charakteristischen Zahlen 344 und 345.

Die zulässigen konjunktiven und disjunktiven Normalformen sind definiert wie Seite 33–34.

Satz 100. Jede Formel hat ebensowohl eine zulässige konjunktive wie eine zulässige disjunktive Normalform.

Beweis. Wie der des Satzes 89, denn der endliche Verwicklungsgrad der Formeln wird nirgends verwendet.

Korollar. Die Richtigkeit jeder Formel kann ebenso wie in der endlichen Aussagenlogik entschieden werden nicht nur mittels einer Wahrheitstafel, sondern auch mittels der zulässigen konjunktiven Normalform.

Korollar. Die Theorien sind möglich für Geister der charakteristischen Zahlen bzw. 344 und 345, Kardinalzahl *Kontinuum* und Übersichtszahl der dem Kontinuum folgenden Zahl.

§ 18. *Geister der charakteristischen Zahl 346*

Ich betrachte zuerst den Fall, dass die Kardinalzahl des Vorstellungsraumes *Kontinuum* ist und die Übersichtszahl $S(Kontinuum)$. Die Kettenzahl setze ich W, die erste Ordinalzahl deren Kardinalzahl $\geq C$ ist, denn nur für $K \geqq W$ können die Regeln für die Bildung wohlgebildeter Formeln vereinfacht werden (in einer Mengenlehre mit dem Kontinuumaxiom $W = \Omega$). Die Regeln für die Bildung wohlgebildeter Formeln werden folgendermassen:

1) Die Atome sind wohlgebildete Formeln. Es gibt aber B Atomklassen.

2) Wenn A eine wohlgebildete Formel ist, ist auch $-A$ eine wohlgebildete Formel.

3) Wenn A und D wohlgebildete Formeln sind, sind auch $A \wedge D$, $A \vee D$ und $A \rightarrow D$ wohlgebildete Formeln.

4) Wenn $A_1, \ldots, A_\alpha, \ldots$ eine endliche, unendliche oder transfinite Folge einer Kardinalzahl $\leq B$ wohlgebildeter Formeln ist, sind auch $A_1 \wedge \cdots \wedge A_\alpha \wedge \ldots$ und $A_1 \vee \cdots \vee A_\alpha \vee \ldots$ wohlgebildete Formeln.

5) Keine Formel ist eine wohlgebildete Formel, es sei denn auf Grund der Regeln 1–4.

Satz 101. Die Formeln dieser Aussagenlogik enthalten höchstens B Zeichen und haben einen Verwicklungsgrad $< W$.

Beweis. Der Beweis, dass $Z(A) \leqq B$, ist wie der des Satzes 79. Dass $V(A) < W$, beweise ich durch Rekurrenz:

1) Ein Atom hat einen Verwicklungsgrad $< W$.

2) Ich setze voraus, dass $V(A) < W$. Dann auch $V(-A) < W$.

3) Ich setze voraus, dass $V(A) < W$ und $V(D) < W$. Dann $V(A \wedge D) =$
$= V(A \rightarrow D) = V(A \vee D) = \text{Max}(V(A), V(D)) + 1 < W$, denn W ist eine Limeszahl.

4) Ich setze voraus, dass

$$V(A_1) < W$$
$$\vdots$$
$$V(A_\alpha) < W$$
$$\vdots$$

Dann sind zwei Fälle zu unterscheiden:

a) Unter den $V(A_\alpha)$ ist einer, $V(A_\alpha)$, der grösste. Dann $V(A_1 \vee \cdots \vee A_\alpha \vee \ldots) = V(A_1 \wedge \cdots \wedge A_\alpha \wedge \ldots) = V(A_\alpha) + 1 < W$, denn W ist eine Limeszahl.

b) Unter den $V(A_\alpha)$ gibt es keinen grössten. Dann auch $V(A_1 \vee \cdots \vee A_\alpha \vee \ldots) = V(A_1 \wedge \cdots \wedge A_\alpha \wedge \ldots) = \text{Sup}(V(A_\alpha)) < W$, denn W als kardinale Anfangszahl ist nicht der Limes einer Folge, wenn die Ordinalzahl der Folge wie der Glieder der Folge $< W$ ist.

Satz 102. Die Formeln dieser Aussagenlogik enthalten zusammen eine Zeichenmenge der Mächtigkeit des Kontinuums.

Beweis. Wie der des Satzes 99 bis auf einige unwesentliche Änderungen.

Korollar. Die gegebene Theorie ist möglich für Geister der charakteristischen Zahl 346, Kardinalzahl *Kontinuum*, Übersichtszahl $S(Kontinuum)$ und Kettenzahl W.

Satz 103. Jede Formel hat ebensowohl eine zulässige konjunktive wie eine zulässige disjunktive Normalform.

Beweis. Wie der des Satzes 96, denn der Verwicklungsgrad $< \Omega$ der Formeln wird nirgends verwendet.

Korollar. Die Richtigkeit jeder Formel kann ebenso wie in der endlichen Aussagenlogik entschieden werden nicht nur mittels einer Wahrheitstafel, sondern auch mittels der zulässigen konjunktiven Normalform.

Wenn die Kardinalzahl Kontinuum ist und die Übersichtszahl $S(Kontinuum)$, darf ich niemals Konjunktionen oder Disjunktionen von mehr als B Gliedern gestatten (denn dann wäre, wenn die Theorie auch nur 2 verschiedene Atomklassen enthielte, die Anzahl derartiger Konjunktionen oder Disjunktionen $> Kontinuum$ und könnten also die Formeln nicht alle im Vorstellungsraum des Geistes enthalten sein). Die Regeln für die Bildung wohlgebildeter Formeln bleiben also dieselben und wir erhalten nichts neues.

Um eine umfassendere Aussagenlogik als die soeben behandelte zu haben muss der Geist also eine Kardinalzahl des Vorstellungsraumes $>$ $> Kontinuum$ haben. Aber diesen Fall werde ich nicht behandeln.